GROSSE KATZEN

Kit Coppard

GROSSE KATZEN

BECHTERMÜNZ VERLAG

Zuerst veröffentlicht 1998 in Großbritannien
durch PRC Publishing Ltd,
Kiln House, 210 New Kings Road, London SW6 4NZ
unter dem Titel
BIG CATS

Deutsche Erstausgabe

Bearbeitung und Koordination der deutschen Ausgabe
DRUCK & SACHE, Gert Schemmann, Pemmering

Übersetzung
Wolfgang Groth

Umschlaggestaltung
Lydia Koch, Augsburg

Umschlagmotive
Tiger (Pictor International Ltd, vorne), Löwe (PhotoPress/set, hinten)

Gesamtherstellung
Bright Sun Printing Company, Shenzhen

Printed and bound in China
ISBN 3-8289-1543-4

Bild Seite 2
Populationen von Schnee-Leoparden sind überall klein und darüber hinaus bedroht durch die Aktivitäten von Wilderern: Das Fell dieser Katzen ist einzigartig schön, und die Pelze werden wegen ihrer Rarität stark nachgefragt. Glücklicherweise sind diese wild lebenden Tiere schwer zu jagen; auch ist die Zahl der in Gefangenschaft lebenden Exemplare groß und genetisch gesehen genügend diversifiziert, um die Zukunft dieser Tiere zu sichern.

Danksagung
Der Verlag dankt allen, die mit Fotos zu dem Entstehen dieses Buches beigetragen haben. Alle Fotos wurden von Pictor International, London, zur Verfügung gestellt, ausgenommmen die Bilder der im folgenden aufgeführten Seiten: 10, 14, 15, 28, 64, 66, 68, 70, 78, 80/81, 124/125, 136/137, 148/149, 154, 154/155, 157, 158/159.
Diese Bilder stammen von Byron Jorjorian Photography.

Inhalt

EINLEITUNG

Von allen Tieren, die man zur Ordnung der Carnivoren oder Fleischfresser zählt, haben die „Großen Katzen" schon immer die Phantasie des Menschen am meisten beschäftigt: Ob Löwe, Tiger, Leopard, Jaguar, Puma oder Gepard - sie alle bieten eine verführerische Kombination aus Schönheit, Anmut, Geschicklichkeit, Intelligenz und Wildheit, die einmalig im Tierreich ist. Und sie stehen zudem noch an der Spitze der Nahrungskette aller Land-Raubtiere.

In dieser Raubtier-Ordnung bilden die Katzen die Familie der *„Felidae"* – und die gibt es schon viel länger als uns Menschen. Man hat Fossilien der *„Neo-Felidae"*, der „modernen Katzen", gefunden und deren Alter auf über 30 Millionen Jahre taxiert – der Zeit des Oligozäns im Tertiär. Diese *„Felidae"* hatten sich aus der urzeitlichen Raubtiergruppe der primitiven Creodonten entwickelt , aus denen dann die Miacis, kleine Waldräuber mit größerem Hirn, hervorgingen, gefolgt von einigen Urkatzenformen wie den *„Nimravidae"*. Letztere nannte man auch *„Paleo-Felidae"* – „alte Katzen" –, da man annahm, daß sie die Vorfahren der *„Neo-Felidae"* seien – mittlerweile aber belegen Unterschiede im Körperbau dieser beiden Gruppen, daß sie sich parallel zueinander entwickelt haben müssen. Aus ihnen entstand etwa 5 Millionen Jahre später eine Gruppe großer Katzen – zum Beispiel der pumaähnliche *„Pseudoailurus"* –, aus der vermutlich die direkten Vorfahren unserer heutigen Katzen hervorgingen.

Am bekanntesten wurden zweifellos die 2 Millionen Jahre alten dolchzahnigen *„Smilodons"* – allein vom jaguargroßen *„Smilodon fatalis"* hat man soviele fossile Reste aus den Asphaltsümpfen der Rancho La Brea in Los Angeles in Kalifornien ausgegraben, daß man sie zu 1300 Einzeltieren zusammensetzen konnte. Der kleinere „Smilodon gracilis" wurde im Osten der Vereinigten Staaten gefunden, während der *„Smilodon populator"* aus dem östlichen Südamerika stammt und dem heutigen Löwen entsprach - allerdings mit größeren Vorder- als Hinterbeinen, so daß er einer Hyäne glich. Vermutlich war das eine Anpassung ans Rudeljagen auf langsame und große Herdentiere – seine Gestalt jedenfalls

läßt nicht vermuten, daß er mit großer Geschwindigkeit über längere Strecken jagen konnte, zumal seine Eckzähne fast 30 cm lang wurden.

Außerhalb Amerikas – der „Neuen Welt" – wurden ansonsten keine Überreste der „*Smilodons*" gefunden – nur der „*Megantereon*", vermutlich ein Vorläufer der Smilodons, fand sich in Afrika, Eurasien und Nordamerika. Er hatte die Größe eines Jaguars – sein Nacken war allerdings länger und seine Hüftpartie kürzer. Wahrscheinlich konnte er damit besser größere Beutetiere erlegen und war zudem ein guter Baumkletterer wie der heutige Leopard.

Die größten Vertreter der heute lebenden, kegelzahnigen Katzen zählen zur Gattung der „*Pantherini*": der Löwe (*Panthera leo*), der Tiger (*Panthera tigris*), der Leopard (*Panthera pardus*), der Jaguar (*Panthera onca*) und der Schneeleopard (*Panthera uncia*).

Auch diese Gattung hat mindestens einen fossilen Ahnen: den „*Panthera gombaszoegenis*" oder „*Panthera toscana*"- den längst ausgestorbenen europäischen Jaguar. Die versteinerten Reste des „*Panthera schaubi*" hingegen, die man im Rhône-Tal in Frankreich fand, sind zu dürftig, als daß man sie dieser Gattung zuordnen sollte.

Das wichtigste Merkmal zur Bestimmung der vier Pantherarten – Löwe, Tiger, Leopard und Jaguar – ist die Struktur ihres Zungenbeins, einer kleinen Knochengruppe, die die Zunge in der Kehle lenkt und verankert. Bei den großen Katzen hat das Zungenbein ein elastisches Zwischenband, das die Zunge um etwa ein Drittel verlängern kann, dadurch die Luftzufuhr vergrößert und das typische Brüllen er-

oben: Ein ruhender Löwe in Kenya's Masai Mara-Schutzgebiet – kurz nach der Regenzeit, wenn das Gras besonders üppig steht.

links: Ein Gepard, der schnellste Jäger der afrikanischen Savanne, begrüßt den neuen Morgen im Masai Mara.

vorige Seite: Der Leopard zählt zu den besten Baumkletterern – dieser hier hat es sich in einem Wald in Tanzania gemütlich gemacht.

oben: Ein Sibirischer Tiger genießt den ersten Schnee in einem Zoo in Nashville, Tennessee.

rechts: Der Jaguar, der amerikanische Neffe des afro-asiatischen Leoparden, ist die drittgrößte Raubkatze nach Löwe und Tiger.

möglicht, das niemand vergißt, der es einmal in der Wildnis gehört hat.

Löwe, Tiger, Leopard und Jaguar werden gemeinhin als die „Großen Katzen" bezeichnet – die fünfte Pantherart, den Schneeleoparden, hat noch niemand brüllen gehört. Körpergröße und Zahnkonstellation lassen vermuten, daß er eher zu den Geparden zählt. Manche Zoologen schlagen sogar vor, ihn als eigene Gattung zu betrachten.

Die „Kleinen Katzen" ordnet man der Gattung der „*Felini*" zu – der Puma (*Felis concolor*) gehört zu ihr, der Karakal (*Felis caracal*), die Bergkatze (*Felis jacobita*), der Ozelot (*Felis pardalis*), der Serval (*Felis serval*), die Wildkatze (*Felis silvestris*), die Hauskatze (*Felis catus*) und weitere 18 Arten. Da der Puma viel größer ist als seine Artgenossen, schlug man vor, auch ihn als eigene Gattung zu klassifizieren – die meisten Wissenschaftler aber rechnen ihn nach wie vor zur Gattung der „*Felini*".

Zwei davon getrennte Katzengattungen sind der Gepard (*Acinonyx jubatus*) und die Luchse – der Europäische Luchs „*Lynx lynx*", der Kanadische „*Lynx canadensis*" und der Rotluchs „*Lynx rufus*". Es gibt demnach insgesamt etwa 37 bis 40 verschiedene Katzenarten, je nachdem, wie man sie kategorisiert: die einen ordnen manche Katzenart als eigene Gattung ein, während andere sie nur als Unterart führen.

HERKUNFT UND GESCHICHTE

Die These, daß nur die Stärksten im Prozeß der Evolution überleben, wird oft mißverstanden – die natürliche Auswahl, die den Entwicklungsprozeß vorantreibt, ist nämlich nur deshalb möglich, weil es Unterschiede zwischen den Individuen ein und derselben Art gibt.

Bei Säugetieren zum Beispiel werden die genetischen Informationen von einer Generation zur anderen durch sexuelle Reproduktion weitergegeben: jedes Elternteil liefert sie in Form von Eiern oder Samen. Jeder Samen und jedes Ei aber hat seine eigenen genetischen Informationen, die sich von denen der anderen Spermien und Eier des Elternpaares leicht unterscheiden – und dadurch wird Vielfalt garantiert. Die natürliche Auswahl besteht also darin, daß die Überlebensvorteile eines Individuums durch die Variationen in seinem genetischen Erbgut auf ein anderes Individuum übertragen werden. Es kann sogar vorkommen, daß sich über Generationen hinweg besonders erfolgreiche Variationen so stark durchsetzen, daß eine neue Art entsteht. Die Bedingungen, die den Verlauf der natürlichen Auswahl beeinflussen, sind zum einen wechselhafte, klimatische Bedingungen (und somit auch ein Wechsel der Umweltbedingungen und des Lebensbereiches einer Tierart), das Ausmaß des Wettbewerbes zwischen den verschiedenen Arten, und – bei Raubtieren – die Struktur und Stabilität der Tiergruppen, auf die sie Jagd machen.

Lücken in den Fossilienfunden machen es unmöglich festzustellen, warum manche Vorfahren der großen Katzen ausgestorben sind und andere sich weiterentwickelt haben. Klimaveränderungen und geologische Ereignisse hatten

sicher ihre Auswirkungen: zwischen zehn und drei Millionen Jahre vor unserer Zeitrechnung – am Ende des Miozäns und zu Beginn des Pliozäns – kühlte das Weltklima ab und ließ die Eisschichten der Pole anwachsen. Dadurch entstanden Landbrücken zwischen Alaska und Nordostasien und zwischen Südwesteuropa und Nordafrika – heute wieder getrennt durch die Bering-Straße und die Straße von Gibraltar. Die Brücke über die Bering-Straße war besonders wichtig, da über sie eine große Anzahl Raub- und Beutetiere von Eurasien nach Nord- und später auch nach Südamerika einwandern konnte.

Kalte Winter und dürftige Sommerregen auf der Nordhalbkugel führten dazu, daß die damaligen Wälder langsam ausdünnten und zu offenen Baum-Ebenen wurden – mancherorts sogar zu savannenähnlichen Gebieten, wie im heutigen Afrika. In Eurasien gab es in dieser Periode einen reichen und vielfältigen Säugetierbestand. Vor etwa fünf Millionen Jahren erwärmte sich dann das Klima wieder und bewirkte, daß sich die Wälder erneut über riesige Gebiete ausdehnten und damit nachhaltig die Tierwelt veränderten. Viele Antilopenarten und kleinere Beutetiere konnten sich nicht mehr von der veränderten Vegetation ernähren und starben aus – und mit ihnen ihre Jäger: große und kleine Katzenarten. Dann setzte vor etwa zweieinhalb Millionen Jahren eine neue Kältewelle ein und neue Tierarten ersetzten die ausgestorbenen – bei den großen Katzen war das zum Beispiel der Säbelzahn-„*Megantereon*“. Aber auch andere Tierarten zogen nun über die Bering-Straße: die ersten Hyänen und Bären, die Vorfahren der heutigen Pronghorn-Antilope und das Pferd „Equus“ – später folgten noch Jaguar, Puma und Löwe.

Afrika dagegen – ein Kontinent, durch den der Äquator verläuft – bot offenbar so vielfältige Landschaftsformen, daß viele Raubtiere und deren Beute dem Aussterben durch Klimaänderung entkommen konnten. Als es auf der Welt kühler wurde, wandelten sich natürlich auch Afrikas Wälder und Baumebenen zu Savannen – zu riesigen, offenen Grasebenen, gesprenkelt von vereinzelten Bäumen und Flecken aus dichter, trockenresistenter Vegetation. Die Tierwelt paßte sich diesem Umschwung an – die Huftiere

rechts: Ein Löwenpaar in Südafrika's Kalahari Gemsbok Nationalpark. Das Männchen ist im Schnitt 1/3 größer als ein Weibchen.

entwickelten ein Zahnsystem, das das harte Steppengras besser abrupfen und zerkauen konnte. In den unendlichen Weiten hatten zudem nur schnellfüßige Antilopen und Gazellen eine Überlebenschance – sie wurden zu den dominierenden Grasfressern, was wiederum die Raubtiere beeinflußte. Die großen Säbelzahn-Katzen, die zeitgleich mit Löwen, Geparden und Leoparden gelebt hatten, starben aus, was allerdings weniger eine Folge des Wettbewerbs zwischen „alten" und „neuen" Katzen war, sondern eher eine Konsequenz aus der nun falschen „Ausrüstung" der Katzen mit Säbelzähnen, die nichts halfen gegenüber den schnell gewordenen Grasfressern. Man hat jedenfalls im östlichen und später auch im südlichen Afrika erstaunlich viele dreieinhalb Millionen Jahre alte fossile Reste von verschiedenen Säbelzahn-Katzenarten ausgegraben – neben denen von Löwen, Leoparden und Geparden.

In Asien tauchte ein fossiler Tiger erst vor anderthalb Millionen Jahren auf, und zwar in denselben Gebieten, in denen er – mehr oder weniger – noch heute vertreten ist. Die ältesten Schneeleoparden-Funde in Nordpakistan und im Altai-Gebirge in der Westmongolei datiert man auf 1,4 Millionen Jahre.

In Nordamerika bedeckte vor etwa 2 Millionen Jahren eine weite Steppe den Südwesten des Landes und wie in Europa lebten hier der säbelzahnige *„Megantereon"*, der größere *„Homotheriums"* und der vermutliche Puma-Vorfahre *„Miracinonyx inexpectatus"*.

Den Jaguar gibt es heute nur noch in der „Neuen Welt" – die ältesten Funde sind etwa zwei Millionen Jahre alt. Die meisten fand man in Tennessee, Florida und Texas – er war aber einst über den ganzen amerikanischen Kontinent verbreitet und etwas größer als sein moderner Nachfolger in Mittel- und Südamerika.

Europa wimmelte zu der Zeit zwar von kleinen Raubtieren und zwei größeren Hyänenarten – von Großkatzen aber fand man fossile Reste nur vom europäischen Geparden (*Acinonyx pardinensis*), einem nahen Verwandten des etwas kleineren afrikanischen Geparden, und zwei Säbelzahn-Katzenarten.

links: Der Sibirische Luchs ist eine Unterart des Eurasischen Luchses, den es in Nordamerika ebenso gibt wie in Asien.

rechts: Der Puma kam einst über die Bering-Straße aus Asien nach Nordamerika – heute lebt er ausschließlich in der Neuen Welt.

Vor einer Million Jahre – im Pleistozän – wurde das Weltklima von häufigen und heftigen Schwankungen zwischen eiszeitlichen und wärmeren Perioden geprägt. In Europa entwickelten sich große, kälteunempfindliche Huftiere – wie das Rentier, das Woll-Nashorn, mächtige Hirsche und die Vorgänger der Rinder und Schafe. Der Säbelzahn-*„Megantereon“* aber starb aus – obwohl kräftig gebaut, war er wahrscheinlich zu klein, um mit diesen neuen, wuchtigen Herdentieren fertig zu werden. Der viel größere *„Homotherium“* hingegen gedieh weiterhin neben Gepard, Leopard und einem neuen Zuwanderer aus Afrika: dem Löwen.

Etwa eine halbe Million Jahre später waren dann durch diese ständigen Klimaschwankungen und Vegetationsänderungen die meisten der „alten“ Großkatzen in Afrika und Eurasien ausgestorben – die jüngsten Fossilien eines europäischen Geparden aus der Nähe von Mannheim datieren aus dieser Zeit.

In der „Neuen Welt“ überlebten einige der Ur-Katzen wesentlich länger – warum ist nicht ganz klar. Sicher haben das dortige Klima, die lokale Vegetation und das erst sehr späte Auftauchen der schnellfüßigen Antilopen, mit denen sie wie in Afrika ihre liebe Not gehabt hätten, eine Rolle gespielt. Die dolchzahnigen *„Smilodons“* zum Beispiel lebten bis zum Ende der letzten Eiszeit in Amerika – und das ist „erst“ 15.000 Jahre her.

Zu dieser Zeit – am Ende des Pleistozäns – veränderten sich überall auf der Welt die Säugetiere – Räuber ebenso wie Beutetiere. In Nordamerika waren der Löwe und der gepardenähnliche *„Miracinonyx“* den Säbelzahn-Katzen in die Vergessenheit gefolgt. Löwe, Leopard und Hyäne waren in Eurasien – bis auf ein paar weit auseinanderliegende Flecken – ausgestorben. Nur Afrika mit seinem Kaleidoskop aus verschiedenen Klimazonen und Landschaften rund um den Äquator scheint seine ursprüngliche Tierwelt bis heute bewahrt zu haben.

Nun ist allerdings ein dritter Faktor neben Klima und Umwelt aufgetaucht, der äußerst wirkungsvoll die Quote der aussterbenden Arten unserer Tier- und Pflanzenwelt nach oben treiben wird: die unaufhörlich wachsende Inbesitznahme und Zerstörung natürlicher Lebensräume durch den Menschen.

WIE FUNKTIONIERT EINE RAUBKATZE ?

Einer der Hauptgründe dafür, warum wir Raubkatzen besonders bewundern, liegt wohl darin, daß sie für ihre Art zu leben besonders gut ausgerüstet sind – auf ihrem langen Marsch durch die Evolution scheinen sie zu absoluter Perfektion herangereift zu sein.

Wenn eine Raubkatze ihre Beute anpirscht, ist sie ein Meister der Tarnung; bei deren Verfolgung entpuppt sie sich als Super-Athlet, und wenn sie dann tötet, tut sie das mit einer erschreckenden Effizienz. Es sei aber daran erinnert, daß auch die Beutetiere die gnadenlose Auswahl der millionenjahre dauernden Evolution durchgemacht haben und bestens für den Überlebenskampf in ihrer natürlichen Umwelt gerüstet sind.

Worin bestehen eigentlich die wichtigsten körperlichen Fähigkeiten, die diese großen Katzen zu solch charismatischen Raubtieren machen?

Der Körperbau

Läßt man einmal ihre offensichtlichen Größenunterschiede außer acht, haben alle Mitglieder der *„Felidae"* – von der schnurrenden Hauskatze bis zum menschenfressenden Tiger –, annähernd dieselbe Skelettform. Bei den großen Katzen gibt es Abweichungen, die den unterschiedlichen Lebensstil der verschiedenen Arten kennzeichnen – und dabei besonders die Kunst des Beutegreifens. Katzen sind, wie Hunde, eher „laufende" als „gehende" Tiere, wenn man das auf ihre normale Gangart bezieht (natürlich gehen Katzen ebensoviel, wie sie laufen, und meistens schlafen sie sogar mehr als alle anderen). Alle Katzen können sehr schnell rennen – wenigstens über kurze Strecken –, und das mit einem höllischen Anfangstempo. Zum Beispiel wenn sie eine Beute verfolgen. Hundeartige Rivalen, wie Wildhunde oder Wölfe, sind nicht annähernd so schnell – dafür aber jagen sie oft in Rudeln, können ihre Beute meilenweit verfolgen und haben dann noch genügend Luft, die meist viel größeren Beutetiere zu greifen und zu töten. Einer der Gründe für die

rechts: Diese Löwin in Südafrika's Krüger Nationalpark verschmilzt mit dem trockenen Gras - ihre Fellfarbe ist eine perfekte Tarnung beim Anschleichen der Beute.

unterschiedliche Ausdauer zwischen Katze und Hund ist die größere Leistungsfähigkeit von Herz und Lunge der hundeartigen Tiere.

Vergleicht man Katzen mit anderen Tieren derselben Größe und desselben Gewichts, stellt man fest, daß Katzen meist leichte, schlanke Knochen in den Beinen haben. Bei den großen Katzen hat zum Beispiel der Gepard (die schnellste Katze der Welt) längere und schlankere Knochen als, sagen wir, ein Leopard oder ein Löwe. Die Fußknochen einer Katze sind durch Bänder miteinander verbunden, damit sie vor Schäden oder Verletzungen geschützt sind, wenn sie mit hoher Geschwindigkeit laufen oder springen müssen. Viele Tiere – wie auch der Mensch – sind Sohlengänger: wenn sie sich fortbewegen, bleiben Ferse, Sohle und Zehen auf dem Boden (wenn auch nicht unbedingt immer zur selben Zeit). Katzen hingegen sind Zehengänger: sie gehen und laufen auf ihren Zehenknochen, während Mittelfuß und Fersenbein ohne Bodenkontakt bleiben. Zwischen Mittelfuß und Zehen sitzen außerdem zähe Polster, die wie Stoßdämpfer wirken. Wenn eine Katze aber aus ihrer Ruhestellung heraus losspringen will, preßt sie ihre ganzen Pfoten (Zehen, Mittelfuß und Ferse) flach auf den Boden – wie in einen Startblock.

Die Krallen

Katzenkrallen sind dafür da, um Beute zu fangen, sich zu wehren und sich zu kratzen. Sie sind scharf, lang, gebogen, und – wie bei sonst keiner anderen Raubtierart außer der Zibetkatze – einziehbar. Sie wachsen als hornige Verlängerung aus dem dritten Zehenglied – so wie beim Menschen Fingernägel aus den Fingern wachsen, und sind ebenfalls aus Keratin.

Und so funktioniert das Kralleneinziehen: mit dem zweiten (mittleren) Zehenknochen kann die Katze den dritten Zehenknochen auf- und dann einwärts drehen und - wie bei Scherenblättern – neben den zweiten legen. Bänder ziehen ihn dann samt Kralle in das umliegende Fell – ein guter Schutz vor Verschleiß und Beschädigung, wenn die Katze herumläuft. Um die Krallen wieder auszufahren, werden die dritten Zehenknochen um das Gelenk des zweiten Knochens geschwenkt und nach vorne gedreht. Gleichzeitig ziehen Beugemuskeln unter dem dritten Zehenknochen die Kralle nach unten, so daß sie wie eine

unten: Das lebhaft gemusterte Leopardenfell ist auch außerhalb des Waldes eine hervorragende Tarnung.

rechts: Ein Löwenmännchen uriniert an einen Baum, um seine Reviergrenzen zu markieren. Duftmarken spielen eine wichtige Rolle im Sozialverhalten aller Katzen.

oben: Die Krallen eines Geparden scheinen immer ausgestreckt zu sein. In Wirklichkeit aber kann er sie einziehen - die Scheiden sind nur kürzer als bei den anderen Raubkatzen.

Harke wirkt. In dieser Stellung dehnt die Katze ihre Pfoten – so wie Menschen ihre Hände spreizen, wenn sie die Finger strecken wollen. Mit den gekrümmten Krallen kann die Katze nun ins Fell eines Beutetieres fahren und es festhalten. Die ausgefahrenen Krallen sind auch eine hervorragende Verteidigungswaffe und ließen manche Arten zu spezialisierten Baumkletterern werden – allerdings machen solche Krallen das Wiederrunterklettern zu einer mühsamen Angelegenheit. Generell gilt, daß ein Gepard seine Krallen nicht einziehen kann und sein aus dem Griechischen abgeleiteter Gattungsname „Acinonyx" – „nicht bewegbare Kralle" (akineo = nicht bewegbar und onyx = Kralle) – scheint das auch zu bestätigen. Es gibt aber auch die Meinung, daß er das wie alle anderen Katzen auch kann – seine Krallen sind nämlich nicht so stark gekrümmt und das „Futteral", in das er sie zurückziehen kann, ist nicht so deutlich zu sehen, wie bei seinen Artverwandten. Alle Katzen (und auch die meisten Hunde) haben noch eine fünfte Kralle am Vorderbein, die dem menschlichen Daumen entspricht. Sie sitzt hoch genug, um nicht den Boden zu berühren und ist deshalb immer scharf und ziemlich lang – ein wirkungsvolles Instrument, um die Beute niederzuwerfen, wenn sie eingeholt worden ist. Beim Geparden ist sie interessanterweise länger und stärker gekrümmt, wie seine anderen Krallen.

Die Zähne

Hunde, Wölfe und besonders Hyänen können mit Fug und Recht als Fleisch & Knochenfresser bezeichnet werden. Hunde- und Hyänenzähne können nicht nur Fleisch zerschneiden, sondern auch Knochen brechen – bei Katzen geht letzteres nicht. Sie fressen nur Fleisch, was zum einen an ihrem Gebiß liegt und zum anderen an ihrem Verdauungssystem. Sie haben Backenreißzähne, die aus dem letzten oberen Vorbackenzahn und dem einzigen unteren Backenzahn bestehen und im Mundwinkel wie eine Brechschere zusammenarbeiten. So kann das Beutefleisch in Brocken zerteilt werden.

Die Eckzähne hingegen dienen zum Fangen, Festhalten und Töten der Beute – diese „Fangzähne" können ziemlich lang werden: beim männlichen Löwen zum Beispiel über sieben Zentimeter. Die meisten großen Raubkatzen schlagen die Fangzähne in den Nacken ihrer Beute und durchtrennen das zwischen zwei Halswirbeln verlaufende Rückenmark. Es gibt übrigens Anzeichen dafür, daß Größe und Anordnung der Fangzähne bei bestimmten Raubkatzen auf diesen Körperteil ihrer Beutetiere abgestimmt sind. Die Länge der Zähne fällt auch auf, weil zwischen den Fang- und Backenzähnen eine Lücke klafft. Ist das Opfer getötet, reißen die Fangzähne mit Hilfe der zwischen ihnen liegenden, kleinen Schneidezähne Fleischbrocken von den Knochen – dann sind die hinteren Backenreißzähne dran und zerschneiden das Fleisch in schluckgerechte Happen.

Es gab Diskussionen darüber, wie der „Säbelzahn-Tiger" damals seine überlangen Fangzähne benutzt haben könnte - auf den ersten Blick müssen sie fürchterliche Waffen gewesen sein. Es ist aber unwahrscheinlich, daß sie zum

Töten eingesetzt wurden – hätte sich nämlich die Beute gewehrt oder wäre ein Fangzahn auf Knochen getroffen, wäre er abgebrochen. Er wäre auch zu groß gewesen, um das Rückenmark zu durchtrennen, wie es die „modernen“ Katzen tun. Vielleicht erdolchten ja dann die Säbelzahnkatzen ihre darniederliegende Beute – aber auch das ist unlogisch, denn dabei hätten die Fangzähne ebenso zerbrechen können und der Unterkiefer hätte auch noch im Wege gestanden. Wahrscheinlicher ist wohl, daß die „alten“ Katzen bei geöffnetem Maul ihre Säbel in Kehle oder Bauch der Beute bohrten, dann die Kiefer zuschnappen ließen und mächtige Fleischbrocken aus dem Opfer rissen – an solch schrecklichen Wunden verbluteten dann die Opfer. Dazu mußten die Beutetiere vorher natürlich bewegungsunfähig gemacht worden sein, und die größeren Urkatzen mit ihren mächtigen Pranken und Krallen konnten selbst die bulligsten Herdentiere niederwerfen. Möglicherweise haben sie aber auch in Rudeln gejagt – wie die heutigen Löwen. Die kleineren Säbelzahnkatzen werden das auf jeden Fall getan haben – aber ihre Dolchzähne hätten ihnen genausowenig zum Fleischabtrennen genutzt. Wahrscheinlich war das alles aber überhaupt kein Problem: fossile Knochenfunde belegen nämlich, daß die zwischen den Fangzähnen der Urkatzen sitzenden Schneidezähne nicht nur größer als waren als die der heutigen Raubkatzen, sondern auch so angeordnet, daß sie zum Fleischabreißen durchaus getaugt haben könnten. Wie auch immer – es ist offensichtlich, daß die kürzeren, aber immer noch sehr beeindruckenden Fangzähne der heutigen Katzen bessere Tötungsinstrumente sind, als die längeren und dünneren Klingen der Säbelzahn-Katzen der Urzeit.

oben: Sogar bei jungen Löwen sind die oberen und unteren Fangzähne beeindruckend groß. Die kleinen, scharfen Schneidezähne dazwischen dienen zum Fleischabreißen vom Knochen.

Das Fell

Das Katzenfell ist ihre Körperbedeckung mit Haaren – ein Fell aus Myriaden einzelner Haare, unterschiedlich dick und lang, je nachdem an welcher Körperstelle sie wachsen. Jedes von ihnen trägt zu Farbe und Muster des Gesamtfells bei. Die Farben sollen später in den Kapiteln über die einzelnen Raubkatzen näher erläutert werden – hier sei nur Grundsätzliches genannt. Die meisten Großkatzen haben ein Fell mit einem goldenen oder braunen Grundton – Abweichungen unterscheiden nicht nur verschiedene Arten voneinander, sondern auch Gruppierungen einunddderselben Art in voneinander getrennten Lebensräumen oder Individuen innerhalb einer Gruppe.

Zwischen den verschiedenen Katzenarten gibt es gravierende Farbunterschiede im Fell, aber auch erstaunliche Übereinstimmungen – vor allem bei den Großkatzenarten, deren Lebensräume weit auseinander liegen. Der Puma Nordamerikas zum Beispiel ist genauso lohfarben wie der afrikanische Löwe, und die Leoparden aus Afrika und Südostasien haben dieselben schwarzen Rosetten auf fast identischem Felluntergrund wie die Jaguare aus Zentral- oder Südamerika.

Eine Erklärung dafür mag sein, daß alle Fellfarben der Katzen aus einunddemselben Muster aus dunklen und hellen Streifen entstanden sind – oder aus dunklen Streifen auf hellerem Grund –, und daß die schwarzen Streifen sich über Generationen hinweg zu Rosetten oder Flecken verwandelten. Eine andere Theorie besagt, daß angesichts der Tatsache, daß die Jungen von Steppenkatzen, wie Löwe oder Puma, bei der Geburt Flecken haben, deren Vorfahren in frühen Phasen der Evolution vollkommen gefleckt gewesen sein müssen.

Außer Zweifel steht jedenfalls, daß sich Farbe und Zeichnung des Fells unter dem Druck der natürlichen Auswahl entwickelt haben – es kam schließlich beim Überleben auch auf gutes Verstecken und Tarnung an. Stünde ein Jaguar mit seiner auffälligen Zeichnung im offenen Gelände, wäre er schon von weitem leicht zu entdecken – im Wald jedoch,

rechts: Das einzigartige Fellmuster eines Tigers verursacht eine „auflösende" Tarnung – die Streifen und Schnörkel auf der Grundfarbe des Felles bewirken, daß sich die Kontur des Tigers bei der Jagd im Dämmerlicht des Waldes aufzulösen scheint.

seinem eigentlichen Lebensraum, ist er im Licht und Schattenspiel der Baumblätter nicht mal aus 10 Metern Entfernung auszumachen. Fellfarbe und Musterung sind also ein Überlebensvorteil für die großen Katzen. Unterschiedliche Farben und Flecken halten aber auch Katzenarten auseinander, die im selben Gebiet leben und ähnliche Beute jagen, wie zum Beispiel Tiger und Leoparden in Indien und Südostasien – so wird vermieden, daß sie aufeinandertreffen und zu Nahrungskonkurrenten werden. Innerhalb einer Katzen-Gruppe könnten gewisse Unterschiede im Fell auch zum Erkennen des anderen Geschlechtspartners bei der Brautwerbung dienen.

Die auffäligste Abweichung der Fellfarbe von der Norm ist der „*Melanismus*“ – große Teile oder sogar das gesamte Fell sind dabei schwarz. Man findet das oft bei Jaguaren und Leoparden – letztere wurden früher „Schwarze Panther“ genannt und fälschlicherweise einer eigenen Art zugerechnet. Melanismus wird auf eine Änderung des genetischen Codes zurückgeführt, der für den Farbuntergrund des Felles zuständig ist. Fällt aber Licht aus einem bestimmten Winkel auf solch ein schwarzes Fell, kann man sehen, daß die Flecken oder Rosetten noch vorhanden sind.

DIE SINNE

Da der Überlebenskampf zwischen Beutegreifer und Beute niemals endet, haben sich die Sinnesorgane der Raubkatzen im Verlauf der Evolution immer mehr geschärft – am besten kann man das beobachten, wenn sie jagen. Ihre außergewöhnlichen Fähigkeiten dabei sind deshalb so bemerkenswert, weil auch die Beutetiere im Lauf der Jahrmillionen perfekte Überlebenstechniken erlernt haben.

Das Sehen

Katzen können im Dunklen phantastisch gut sehen – und die meisten ihrer Art jagen bei Nacht oder in der Dämmerung. Aber nicht alle Katzen können gleich gut sehen und der Gepard jagt sogar nur bei Tageslicht. Der Grund für ihre hervorragende Nachtsicht ist, daß Katzenaugen anders konstruiert sind als beim Menschen und andere Tieren. Das wichtigste am Auge ist, daß genügend Licht auf die

rechts: Das Löwenmännchen ist die einzige Raubkatze mit einer Mähne – bei manchen Individuen hat sie eine ganz andere Farbe als das Fell.

unten: Melanismus – die komplette Schwarzfärbung des Felles – ist auf eine genetisch bedingte Änderung der Fellgrundfarbe zurückzuführen und kommt vor allem bei Jaguaren (im Bild) und einigen Unterarten des asiatischen Leoparden vor.

oben: Der Puma hat als einzige Raubkatze neben dem Löwen ein einfarbiges Fell - wegen seiner weiten Verbreitung weist es allerdings mehr Farbvariationen auf als das der Löwen.

lichtempfindlichen Zellen der Netzhaut im Augenhintergrund fällt – diese reagieren auf das Licht und senden es als „Botschaft“ an den Sehnerv, der die Impulse zum Sehzentrum im Gehirn weiterleitet. Mit Hilfe der Pupillen kontrolliert das Auge die Menge des Lichteinfalls – sie öffnen und schließen sie sich je nach Lichtmenge wie bei einer Kameralinse. Beim Menschen ist die Pupille rund – bei Katzen hingegen ellipsenförmig und damit vollständiger zu schließen und zu öffnen. Bei Hauskatzen und kleineren Wildkatzen kann man das besonders gut beobachten: bei vollem Licht werden ihre Pupillen zu senkrechten Schlitzen. Durch Experimente hat man herausgefunden, daß Hauskatzen noch sehen können, wenn nur ein Sechstel der Lichtmenge vorhanden ist, die der Mensch zum Sehen braucht. Bei den großen Raubkatzen ist die elliptische Pupille nicht so ausgeprägt – dennoch können auch sie bei Dunkelheit noch erfolgreich auf Jagd gehen.

Die Netzhaut (Retina) aller Säugetiere besteht aus zwei Zellentypen: Zäpfchen und Stäbchen. Die Stäbchen sind sehr lichtempfindlich – ihr Farbempfinden aber ist eher „gebleicht“, so daß sie bei grellem Licht ihre Empfindlichkeit verlieren und Farben nicht unterscheiden können. Die Zäpfchen hingegen reagieren auf starkes Licht und Farben, nicht aber auf schwaches Licht. Deshalb kann der Mensch, der mehr und dichter plazierte Zäpfchen hat als Katzen, nachts auch keine Farben sehen. Die Netzhaut der Katze hat dagegen viel mehr Stäbchen als die menschliche Retina, aber immer noch genügend viele Zapfen für die „Tagesschau“ – davon reagieren die einen auf Grün, die anderen auf Blau. Die menschlichen Zäpfchen hingegen sorgen in ihrer Vielzahl für eine weitgefächerte Farbsicht und eine bessere Detailauflösung des empfangenen Bildes bei hellem Licht.

Das Katzenauge hat aber noch einen Vorteil bei der Nachtsicht: hinter der Netzhaut liegt eine Spiegelschicht, das sog. „tapetum lucidum“. Wenn schwaches Licht durch das Auge dringt, reizt es zuerst Zapfen und Stäbchen, fällt dann auf den dahinterliegenden „Spiegel“ und wird von ihm auf die Zäpfchen und Stäbchen zurückgeworfen. Diese doppelte Lichtverwertung ermöglicht das enorme Nachtsichtvermögen. Wenn ein Scheinwerfer auf Katzenaugen trifft, reflektieren diese „Spiegel“ das Licht und lassen sie so auffällig glänzen.

Die Katzenaugen liegen wie beim Menschen vorne am Kopf und ermöglichen dadurch „binokulares“ Sehen – das brauchen sie nämlich zum Jagen schneller Beute oder um auf einem Baum von einem Ast zum anderen zu springen. Beim beidäugigen Sehen überlappen sich zwei Gesichtsfelder und liefern so dem Gehirn Informationen über Größe, Entfernung und Geschwindigkeit eines Beutetieres. Es ist kein Wunder, daß die Raubkatzen als die „besten“ Raubtiere auch über das beste beidseitige Sehvermögen verfügen.

oben: Die Ohrmuscheln der Raubkatzen – wie bei dieser Löwin – sind höchst beweglich und können von einem komplexen Muskelsystem einzeln oder zusammen in die Richtung gedreht werden, aus der ein Geräusch kommt.

Das Hören

Fast alles, was wir über das Hörvermögen der Katzen wissen, stammt von der Hauskatze und den anderen kleinen Vertretern der Felis-Familie. Sie können einen erstaunlich weiten Frequenzbereich hören – von 100 Hertz bis zu 100 Kilohertz – und erfassen damit Töne weit jenseits des menschlichen Hörvermögens, das bei 20 kHz aufhört. Diese Empfindlichkeit beruht darauf, daß die Hauptbeute der Katzen - Ratten, Mäuse und kleine Nager – untereinander im Ultraschallbereich zwischen 20Hz und 50 kHz kommunizieren. Eine Katze muß aber auch die genaue Richtung orten können, aus der das Geräusch einer durchs Gras huschenden Maus kommt – eine noch niedrigere Frequenz. Dazu hat ihr äußeres Ohr, das aus Knorpel besteht, dreißig Muskeln, die die Ohrmuschel wie einen Audio-Scanner in jede beliebige Richtung drehen können, um die Beute zu lokalisieren. Form, Größe und Sitz der Ohren sind von Art zu Art verschieden und werden wohl auch von ihren unterschiedlichen Jagdtechniken bestimmt.

Das Tasten

Katzen haben extrem empfindliche Schnurrhaare. Sie bestehen aus modifizierten Haaren, die hauptsächlich am Maul, an den Backen und über den Augen wachsen. Am wichtigsten sind die Schnurrhaare am Maul – ruht die Katze, liegen sie rechtwinklig zum Kopf; läuft sie los, werden sie nach vorne gerichtet; und wenn die Katze eine Beute mit dem Maul packt, betasten ihre Schnurrhaare das Opfer – wahrscheinlich erhält sie so wichtige Informationen über ihren Fang. Im Experiment hat man Hauskatzen die Augen verbunden – solange sie aber mit ihren Schnurrhaaren Beutetiere ertasten konnten, fingen und töteten sie diese. Wozu aber die großen Raubkatzen ihre Schnurrhaare beim Fang ihrer oft viel größeren Beute benutzen, ist unklar. Tiger,

oben: Ein Tiger beginnt zu „Flehmen" - zusammen mit dem Jacobson'schen Organ in seinem Maul kann er damit stimulierende Gerüche identifizieren.

rechts: Die Schnurrhaare am Maul einer Katze sind empfindliche Sensoren, mit denen sie Beutetiere erkennen kann - auch bei so großen Raubkatzen wie Tiger.

Löwen und Leoparden haben jedenfalls ziemlich viele und starke Schnurrhaare am Maul. Der tagsüber in der offenen Steppe jagende Gepard hingegen hat erheblich weniger Schnurrhaare.

Das Riechen

Katzen verlassen sich beim Jagen kaum auf ihren Geruchssinn – er ist viel weniger ausgeprägt als bei Hunden. Ihre Geruchszellen bedecken auch nur eine kleinere Fläche und ihr Gehirn kann auch nur entsprechend wenig Duftinformationen verarbeiten.

Andererseits spielen Gerüche eine besondere Rolle im Sozialverhalten der Katzen. Kater zum Beispiel markieren ihr Revier mit Urin, das Drüsensekrete enthält, und beide Geschlechter reiben sich an Gegenständen, um aus einer Drüse am Kopf Duftmarken zu setzen. Es bedarf wohl eines ausgeprägten Urteilsvermögens, wenn eine Katze den eigenen Duft von dem einer anderen unterscheiden will - vor allem, wenn sich solche Duftmarken überlagern...

Katzen haben mit anderen Raubtieren ein winziges, taschenähnliches Organ im Gaumen gemein – das „Jacobson'sche Organ". Es besteht aus Zellen, die den Geruchszellen ähneln und dient wohl dazu, daß ein Kater chemische Signale im Urin einer Katze erriechen kann, die ihm sagen, ob sie rollig und paarungsbereit ist. Dann „flehmt" der Kater – hebt den Kopf, kräuselt die Oberlippe, entblößt die Zähne und rümpft die Nase. Vielleicht hilft das ja dem Jacobson'schen Organ, die Signale eines läufigen Weibchens zu entdecken.

Panthera leo

Der Löwe

Der Vorfahre des heutigen Löwen ist, wie schon erklärt, als etwa drei bis dreieinhalb Millionen Jahre altes Fossil in Laetoli in Tanzania gefunden worden. Der erste „richtige" Löwe, der europäische „Höhlenlöwe", den manche Wissenschaftler als eigene Art „Panthera spelaea" bezeichnen, tauchte erst in ca. 900.000 Jahre alten Ablagerungen im südfranzösischen Vallonet auf. Die ältesten dieser Fossilien lassen vermuten, daß er damals wesentlich größer gewesen ist als die heute lebenden Löwen – jüngere Funde hingegen zeigen, daß er dann bis zum Ende des Pleistozäns allmählich immer kleiner wurde, bis hin zur Statur des modernen Löwen. Dieser Höhlenlöwe lebte bis vor 4.300 Jahren überall in Europa – von Großbritannien im Westen bis zum Balkan und Kleinasien im Osten. In Sibirien und China konnte er noch viel länger überleben. Der „Neuwelt-Löwe" indessen kam schon vor zwei Millionen Jahren von Eurasien über die Landbrücke der Bering-Straße nach Amerika und verbreitete sich bis hinab nach Peru – manche Zoologen zählen auch ihn zur eigenen Art des *„Panthera atrox"* – er starb am Ende des Pleistozän aus.

oben: Eine Löwin frißt sich an einem Büffelkadaver satt – in einem Rudel jagen vor allem die Löwinnen.

rechts: Ein junges Löwenmännchen in Kenya's Masai Mara warnt den Photographen näher zu kommen – nur Löwen, Tiger, Jaguare und Leoparden können brüllen.

vorige Seite: Ein Zoo-Löwe macht ein Nickerchen.

Der „moderne" Löwe besiedelte einst ganz Afrika – von der Mittelmeerküste bis hinab zum Kap der Guten Hoffnung in Südafrika. Im Osten kam er in Nordarabien, im Irak und Iran, in Afghanistan und in Indien vor – die Trennung zwischen der afrikanischen und der asiatischen Art setzte aber erst vor etwa 100.000 Jahren ein. Der afrikanische Löwe lebt heute in wesentlich geringerer Zahl als damals in verstreuten Gebieten südlich der Sahara – von Guinea im Westen bis nach Äthiopien im Osten und im Süden bis nach Botswana. Nördlich der Sahara wurde der letze „Berberlöwe" – *„Panthera leo leo"* oder „Atlas-Löwe" – 1922 in Algeriens Atlas-Gebirge abgeschossen; den letzten „Kap-Löwen", berühmt wegen seiner schwarzen Mähne, ereilte dasselbe Schicksal schon 1865 in Südafrikas Provinz Natal. In der Wildnis Asiens gibt es keine Löwen mehr – nur im 1966 gegründeten Gir-Reservat im indischen Staat Gujarat werden noch 250 bis 300 Exemplare des asiatischen Löwen gehalten.

Der deutliche Größenunterschied zwischen Höhlenlöwe und dem heutigen afrikanischen Löwen scheint sich auch in der verschiedenen Größe der heutigen Löwen des südlichen und des östlichen Afrikas wiederzuspiegeln, wobei erstere meist größer als letztere sind. Die Löwenmännchen sind auch prinzipiell größer als ihre Weibchen. Manche Zoologen wollten in den letzten Jahren die Gattung des „Panthera leo" in eine ständig wachsene Zahl von Unterarten aufgliedern, die sich u. a. nach Größe, Mähnendichte und -farbe unterscheiden – für den afrikanischen Löwen sollten an die zwanzig und für den asiatischen mindestens fünf Unterarten gelten. Solche Unterschiede wurden aber vor allem bei Zoo-Löwen ausgemacht und da sich Tiere in Gefangenschaft oft körperlich verändern, gelten diese Vorschläge als nicht besonders seriös. Die meisten Wissenschaftler akzeptieren deswegen nur zwei Unterarten: den afrikanischen *„Panthera leo leo"* und den asiatischen *„Panthera leo persica"* – wobei der Afrikaner größer ist, längere Beine hat und eine fülligere Mähne.

links: Ein erwachsener Löwe gähnt vor Langeweile – er lebt im struppigen Buschland des Kalahari Gemsbok Nationalparks an der Grenze zu Botswana.

rechts: Eine Löwin an der Tränke mit einem ihrer Jungen und dem ihrer Schwester – im Rudel ist die Zusammenarbeit der Schwestern bei der Kinderaufsicht an der Tagesordnung.

ERSCHEINUNG UND GRÖSSE

Der lohfarbene Grundton des Fells eines erwachsenen Löwen kann nicht nur zwischen Unterarten oder Gruppen in verschiedenen Lebensräumen variieren, sondern auch zwischen Mitgliedern innerhalb eines Rudels. In Gefangenschaft werden Löwen erstaunlicherweise etwas dunkler als die Kollegen in Freiheit. Die Größe und Farbe der Mähne bei den Männchen hängt von der jeweiligen Unterart ab und vom Alter ihres Trägers. Ist ein Löwe zum Beispiel drei Jahre alt, ist seine Mähne hellbraun oder gelb – dann wird sie zunehmend dunkler und kann sogar schwarz werden. Der ausgestorbene Berberlöwe hatte eine Mähne, die fast die Hälfte seines Körpers bedeckte. Generell gilt, daß Löwen, die in kühleren Gebieten leben, eine dichtere Mähne haben als die, die in warmen Zonen leben.

In manchen Lebensräumen wachsen den Löwen dunklere Mähnen als woanders, zum Beispiel in den offenen Savannen von Kenias Masai-Mara-Wildreservat und im angrenzenden Serengeti-Nationalpark Tanzanias. Im Gegensatz zu anderen Raubkatzen haben die erwachsenen Löwen Afrikas und Asiens – und auch der Puma – keine dunklen Fellflecken, sondern nur eine dunkelbraune oder schwarze Schwanzspitze. Die Fellfarbe ist für die Löwen eine gute Tarnung und zusammen mit der dunkle Mähne verschmelzen sie förmlich mit den Hintergrundfarben der trockenen Ebenen.

Das erwachsene Männchen ist wesentlich größer als ein gleichaltriges Weibchen: im Schnitt mißt ein afrikanischer Löwe in der Länge 2,40 Meter bis 3 Meter – die Löwin hingegen nur 2,30 Meter bis 2,70 Meter. Das größte Männchen bisher war ein in den sechziger Jahren in Uganda erschossener Löwe von 3,33 Meter Länge. Der schwerste bisher gewogenen Löwe war ein Exemplar, das 1936 am Rand des Krüger-Nationalparks in Südafrika erlegt wurde – es wog 313 Kilo. Normalerweise wiegen Löwenmännchen zwischen 154 und 200 Kilo und die Weibchen zwischen 113 und 163 Kilo. Ihre asiatischen Verwandten sind etwas leichter.

rechts: Ein alter Löwe ruht sich aus. Wenn Löwen älter werden, müssen sie ständig ihr Rudel gegen herumziehende, jüngere Männchen verteidigen, die ein Rudel wegen der Löwinnen übernehmen wollen. Löwen beherrschen ein Rudel nur für begrenzte Zeit – werden sie vertrieben, haben sie kaum Überlebenschancen.

SOZIALES VERHALTEN

Löwen leben als einzige Katzenart in Gruppen, in sog. Rudeln. Ein Rudel kann in der Größe variieren, wird aber immer von seiner Zusammensetzung zwischen Männchen und Weibchen bestimmt: Löwinnen mit ihren Jungen bilden den Kern, der von einigen Männchen ergänzt wird, die das Revier kontrollieren und bejagen. Die Weibchen sind untereinander verwandt – Mütter, Töchter, Tanten oder Geschwister – und fremde Löwinnen haben keinerlei Zugang zum Rudel. Auch die Männchen sind oft miteinander verwandt – niemals aber mit einem der Weibchen. Sie übernehmen ein Rudel meist von anderen Männchen, die sie getötet oder vertrieben haben – und sie töten auch deren Junge. Aber auch die die neuen Herren bleiben nur für begrenzte Zeit im Rudel – ein paar Monate oder Jahre, bis eine neue Gruppe jüngerer und aggressiverer Löwen auftaucht und ihnen den Rang abläuft.

oben links: Ein perfektes Löwenmännchen – kein Wunder, daß man ihn „König der Tiere“ nennt.

unten links: Ein alter Löwe patroulliert an den Grenzen seines Reviers im Kalahari Gemsbok Nationalpark.

oben: Eine Löwin stillt ihren Durst in der Masai Mara. Der Weg zur Tränke ist von Huftieren breitgetreten worden – das Buschwerk am Wegesrand aber bietet den Löwen gute Deckung.

unten: Nach dem Zebrafraß verschnauft ein satter Löwe – obwohl es meistens Löwinnen sind, die auf Jagd gehen und Beute erlegen, fressen die Männchen zuerst und lassen oft auch erst die Jungen an den Kadaver, bevor die Jägerinnen selbst fressen dürfen.

Die Weibchen paaren sich nur mit dem dominanten Löwen des Rudels – manchmal aber auch mit den Männchen eines anderen Rudels oder mit nomadisierenden Einzelgängern. Solche Nomaden halten ständig Ausschau nach übernahmeträchtigen Rudeln, werden aber oft von dem mutig kämpfenden Rudelherrscher zurückgewiesen. Heranwachsende Weibchen bleiben im Rudel, da sie die Lebenskraft der Gruppe für die nächste Generation garantieren, was vermuten ließe, daß dies zu Inzucht führt. Aber zwei Schlüsselfaktoren im Verhalten des Rudels verhindern dieses – erstens: junge Männchen werden, sobald sie sexuell reif sind, von den Männchen des Rudels vertrieben, und zweitens: die Rudelweibchen sind immer empfänglich für fremde Männchen.

Löwenmännchen leben nur im Alter außerhalb eines Rudels – allein oder in einer Männchengruppe. Dann sind sie aber äußerst gefährdet und fallen in kürzester Zeit zum Beispiel einem Hyänenpack zum Opfer.

Die Zahl der Männchen in einem Rudel hängt von verschiedenen Umständen ab – meist wird sie bestimmt von der Dichte der Löwenpopulation in einem Gebiet, die wiederum von der Anzahl der dort lebenden Beutetiere abhängig ist. In einem dichtbesiedelten Revier kann ein Rudel bis zu 30 Mitglieder haben und benötigt zwei oder drei Männchen um es zu verteidigen. In weniger lebhaften Gebieten kann ein dominantes Männchen mehrere Rudel kontrollieren – im Schnitt aber kommen in einem Rudel zwei Weibchen auf ein Männchen.

Löwinnen bekommen im Alter von dreieinhalb bis vier Jahren ihren ersten Nachwuchs – das dominante Rudelmännchen paart sich mit den Weibchen, wenn sie rollig sind. Sie haben, wie alle Säugetiere, einen regelmäßigen Zyklus mit einem Eisprung zu einem festen Zeitpunkt, der interessanterweise bei allen reifen Weibchen im Rudel gleichzeitig eintritt. Der Eisprung setzt aber auch dann ein, wenn die Jungen einer noch säugenden Mutter von fremden Löwen getötet wurden.

Ist eine Löwin rollig, verspritzt sie überall im Revier Urin, reibt ihren Kopf gegen Baumstämme und sondert dabei ein

rechts: Eine Löwin und ihre jüngere Schwester machen zusammen mit ihren drei Jungen Pause. Während die Weibchen immer in dem Rudel bleiben, in dem sie geboren wurden, müssen die Männchen das Rudel verlassen, sobald sie geschlechtsreif werden.

Drüsensekret ab, das potente Männchen anlockt. Wie schon ausgeführt, „flehmen“ große Katzenmännchen dann, um solche Sexualdüfte der Weibchen aufzuspüren. Wenn die Weibchen eines Rudels rollig werden, kommt es oft zu Reibereien zwischen den Rudelmännchen – die fest im Rudel verankerte Hierarchie zwischen den Männchen aber verhindert, daß es zu ernsthaften Kämpfen kommt und stellt sicher, daß sich der „Pascha“ als erster mit den Weibchen paart. Dann erst können sich die Weibchen auch mit anderen, sogar fremden, Löwen paaren. Ein trächtiges Weibchen gebiert nach 16 Wochen – dabei sind die letzen 5 Wochen vor der Geburt die stärkste Wachstumsperiode der Katzenbabies. Ein Wurf kann bis zu sieben Junge haben, was wiederum von der Rudelgröße und dem damit verbundenen Nahrungsangebot abhängt. Die Neugeborenen bleiben 30 Monate lang von Versorgung und Schutz des Rudels abhängig – erheblich länger, als dies bei anderen großen Katzen der Fall ist. Einer der Gründe dafür ist, daß die Jungen das komplizierte Sozialgefüge im Löwenrudel und dessen Jagdtechniken erlernen müssen, die beide im Katzenreich einzigartig sind. Deshalb auch spielen die Männchen eine wichtige Rolle in den ersten Erziehungsjahren der Jungen – nicht zuletzt

oben, unten und rechts: Die dominierenden Mänchen in einem Rudel sind oft Brüder oder zumindest gemeinsam aufgewachsen. Wieviele Männchen in einem Rudel leben, hängt von der Anzahl der Löwen ab, die in der Gegend leben: je höher die Löwenpopulation, desto mehr Männchen sind nötig, um ein Rudel gegen andere herumstreunende Männchen zu verteidigen.

müssen sie auch auf die Kleinen aufpassen, wenn die Löwinnen auf Jagd gehen. Die Junglöwen werden mit vier Jahren geschlechtsreif – die jungen Männchen werden dann von den dominanten Männchen aus dem Rudel vertrieben und müssen solange als Nomadengruppe umherstreifen, bis sie ein Rudel gefunden haben, das sie übernehmen können.

JAGEN

Die Löwenjagd stellt eine interessante Frage: Leben Löwen im Rudel, weil sie in der offenen Savanne jagen oder jagen Löwen in der offenen Savanne, weil sie im Rudel leben?

Im dichten Waldgebiet könnten Löwen nicht jagen – nicht weil es zu schwierig wäre, das Rudel dort zusammenzuhalten, sondern weil es im Wald keine geeignete Beutetiere für sie gibt. Als Rudeltiere müssen sie, im Gegensatz zu Einzeljägern wie Tiger oder Leopard, große Beutetiere jagen, damit das Rudel nach dem Kill genugend zu fressen hat – und in der offenen Steppe ist die gemeinsame Jagd auf die großen Huftiere – Gnu, Zebra, Kuhantilope, Büffel oder Topi-Leierantilope – am erfolgversprechendsten. Daneben jagen sie aber auch Warzenschweine, Elefantenjunge, Nashornbabies und Impala-Antilopen. Löwen sind aber auch Aasfresser und stehlen oft die Beute von Wildhunden, Hyänen, Geparden oder Leoparden. Etwas besonderes hatten sich vor einigen Jahren die Löwen an Namibia´s Skelettküste einfallen lassen: sie kamen aus der nahen Wüste, pickten sich Robben vom Strand und töteten sie. Als die Robben dann ausblieben, überfielen sie das Vieh der benachbarten Herero-Farmen und wurden in der Folge fast alle abgeschossen.

Löwen jagen meist in der Abenddämmerung, wobei es vor allem die Löwinnen sind, die gemeinsam auf Jagd gehen – sie sind schneller auf den Füßen als die Männchen. Meist greifen einzelne Weibchen z.B. eine Antilopenherde von den Flanken her an und treiben das ausgespähte Beutier auf die in der

links: Eine Löwin auf der Pirsch. Löwinnen jagen stets gemeinsam – die einen treiben die Beute den anderen zu, die im Versteck lauern. Obwohl sie kleiner sind als die Männchen, sind sie bessere und beweglichere Jäger.

rechts: Die dominanten Löwen verbringen viel Zeit damit, das Rudel zu verteidigen, die Reviergrenzen zu kontrollieren und auf die Jungen aufzupassen, wenn die Mütter auf Jagd sind.

vorige Seite: Ein junger Löwe entspannt sich in der Savanne. Seine Mähne beginnt gerade erst zu wachsen.

Mitte lauernden übrigen Rudelmitglieder zu. Solch eine ausgeklügelte Taktik der Zusammenarbeit ist bemerkenswert und erstaunt jeden, der sie um ersten Mal beobachten kann. Normalerweise wird die Beute dann an der Kehle oder im Nacken gepackt und – je nach Größe des Beutetieres – erwürgt, per Rückenmarkduchtrennung getötet oder durch einen Biß ins Maul erstickt. Bei den größten Beutetieren, Büffel- oder Giraffenbullen, greifen mehrere Löwen gleichzeitig an – einer springt dann auf den Rücken des Opfers, während der andere versucht, es von den Beinen zu holen. Meist sind es Gruppen von umherziehenden Löwenmännchen, die solch riesige Beutetiere angreifen – wenn sie dann später ein Rudel übernehmen, jagen sie weiter solche Großtiere – zum Wohle des Rudels, das nie genug bekommen kann.

Die Männchen bestehen immer auf ihrer Authorität im Rudel – sie fressen als erste am „Kill" und lassen auch oft erst die Jungen ran, bevor sie den Weibchen erlauben, sich den wohlverdienten Anteil an ihrer selbst gemachten Jagdbeute zu holen.

Die meisten großen Raubkatzen werden wegen ihrer angeblichen Vorliebe, Menschen anzugreifen, verteufelt. Bei Löwinnen kommt das aber – wenn überhaupt – nur vor, wenn

oben: Ein Löwenpärchen im wüstenähnlichen Kalahari Gemsbok Nationalpark. Hier gibt es so wenig Wasser, daß die Löwen von der Feuchtigkeit im Körper ihrer Beutetiere abhängig sind.

unten: Im Gegensatz dazu kann es sich dieser prächtige Löwe im üppigen Grasland der Masai Mara richtig gutgehen lassen – und auch die Wasserlöcher sind nach der Regenzeit zum Überlaufen voll.

es nicht genügend Beute für ihre Jungen gibt. Die berühmteste „Menschenfresser"-Episode fand 1898 in Kenya beim Bau der Eisenbahnlinie von Mombasa nach Nairobi statt. An der Brücke über den Tsavo-Fluß, etwa 60 Km nördlich des heutigen Tsavo-Nationalparks, töteten zwei Löwen 26 indische Bahnarbeiter und mindestens ebensoviele Afrikaner. Die dadurch verursachte monatelange Bauverzögerung veranlaßte schließlich den verantwortlichen Ingenieur, Oberst J.H. Patterson, die Löwen zu erschießen.

1932 fand eine zweite Menschenfresser-Katastrophe statt – ein Löwenrudel tötete mehrere Menschen im Umkreis der Stadt Njombe, knapp hundert Kilometer nordöstlich vom Nyasa-See in Südtanzania. Erst 1947 wurden die letzten 15 Löwen der nachfolgenden Rudelgeneration erschossen – bis dahin hatten sie an die 1000 Menschen getötet und gefressen. Interessant an diesen Episoden ist, daß nicht nur die mordenden Löwen in gutem Zustand waren, sondern daß auch genügend Beutetiere in der jeweiligen Gegend vorhanden waren. Scheinbar bietet der Mensch ein besonders leichtes Ziel – und wenn Löwen einmal Menschenblut ge-

oben: Eine Löwin der Masai Mara säugt ihre sechs Jungen – in nicht so fruchtbaren Gegenden sind kleinere Würfe normal.

unten: Eine Löwin hält nach Beute Ausschau.

rechts: Junge Löwen in Spiellaune – sie sind gerade ein Jahr alt und etwa so groß wie ein erwachsener Leopard.

oben: So ein Zebra-Kadaver, um den sich hier zwei Männchen streiten, ist nur ein kleiner Imbiß für ein großes Rudel. Größere Beutetiere, wie Büffel, Giraffen oder sogar Nashornjunge, bieten zwar mehr, sind aber auch schwieriger zu erlegen.

unten: Obwohl Löwinnen dafür sorgen, daß das Rudel etwas zu fressen bekommt, sind sie doch zuletzt an der Reihe und müssen oft hungrig bleiben, wenn die Beute zu klein war.

rechts: Dominante Männchen erlauben manchmal, daß Junglöwen, wie dieser hier, schon am Kadaver fressen, wenn sie selbst noch daran im Gange sind.

rochen haben, lassen sie so leicht nicht mehr davon ab. Allerdings fand man auch heraus, daß es meist einzelne Löwen waren, die Menschen angegriffen hatten und daß diese Raubkatzen meist krank oder lahm waren. Die langsamen Menschen waren einfach leichter zu fangen, als die üblichen flinken Beutetiere...

AUSSICHTEN

Heutzutage ist die Zukunft der großen Raubkatzen nur schwer vorherzusagen. Der rasante Anstieg der menschlichen Bevölkerung in oder nahe den ursprünglichen Lebensräumen der Katzen auf aller Welt führt nicht nur zur Ausweitung industrieller und landwirtschaftlicher Nutzungsflächen, sondern auch zu einem Zuwachs an Waffen, mit denen man die großen Raubkatzen töten kann, die scheinbar immer noch den Menschen und seine Haustiere bedrohen. Die Folge davon ist, daß die meisten, wenn nicht alle, der in diesem Buch

oben: Junge Löwen sind fast 30 Monate lang abhängig davon, daß sie ihr Rudel ernährt - unterdessen erlernen sie die einzigartigen, kooperativen Jagdtechniken von den Erwachsenen. Junge Männchen werden mit dreieinhalb Jahren aus dem Rudel verjagt.

rechts: Ein alter Löwe an einem Schlammloch in Masai Mara – Löwen werden in der Wildnis fast 12 Jahre alt.

vorige Seite: Die halberwachsenen Löwen eines Rudels profitieren vom jahreszeitlichen Regen, der über der verdörrten Kalahari heruntergegangen ist.

vorgestellten Raubkatzen vom Aussterben bedroht sind. Das grundsätzliche Problem dabei ist aber, daß nicht nur der Platz für Raubkatzen immer knapper wird, sondern auch der der für ihren Lebensunterhalt nötigen Beutetiere.

Löwen sind in diesem Zusammenhang weniger gefährdet als zum Beispiel Tiger, da ihr Bestand wesentlich größer ist. Trotzdem haben sie nur in den inzwischen geschaffenen Reservaten im östlichen und südlichen Afrika eine Überlebenschance. Die genaue Zahl der in der Wildnis lebenden Löwen ist unbekannt – ihr Bestand in Teilen des westlichen Afrika bis hin zu den Regionen südlich der Sahara ist in den letzten 50 Jahren jedenfalls drastisch gesunken. Immerhin schätzt man grob, daß es in Reservaten und in freier Wildbahn noch zwischen 30.000 und 70.000 Exemplaren gibt. Ein Ausschuß des IUCN (International Union for the Conservation of Nature) schätzte, daß 1988 südlich des Zambesi-Flusses (der nördlichen Grenze Zimbabwes) noch 6.000 bis 9.000 Löwen lebten, davon 4.200 in Reservaten. Von letzteren zählte man ein paar hundert in Südafrika's Krüger Nationalpark, an die 500 in Zimbabwe's Hwange Nationalpark und etwa 300 in Namibia's Etosha-Reservat. In Ostafrika hingegen lebten damals einige tausend Löwen in Tanzania's Serengeti und in Kenya's Masai Mara Schutzgebiet.

In kleineren Reservaten reicht meist die Zahl der Individuen – und damit die Größe ihres Gen-Pools – nicht aus, um eine gesunde Population zu garantieren, egal wie gut sie dort auch gegen menschliche Einflüsse geschützt sein mögen. In Indiens Gir Forest Schutzgebiet scheint zwar die Zahl der asiatischen Löwen langsam anzusteigen, aber damit wächst auch die Gefahr der Inzucht mit daraus folgenden genetisch bedingten Krankheiten und Schwächungen. Noch größer ist solches Problem natürlich in Zoos, in denen man mit gefangenen Löwen Zuchtprogramme durchführt.

Obwohl der Mensch hauptverantwortlich ist für den Niedergang der Löwenpopulation, ist nur er es, der durch sein Eingreifen das Überleben dieser phantastischen Raubkatzen garantieren kann. Viele arme Länder begreifen inzwischen den Vorteil fremdländischer Devisen für ihre Wirtschaft und beginnen, den sog. Öko-Tourismus zu verwirklichen. Das Schicksal der Löwen und der von ihnen gejagten Herdentiere hängt u.a. davon ab, daß der Safari-Tourismus dieser Länder in die Lage versetzt wird, neue Schutzgebiete für Löwen zu errichten und die bereits vorhandenen zu erweitern.

Panthera tigris

Der Tiger

Der Tiger ist die größte und wohl auch schönste aller großen Raubkatzen – und die am meisten bedrohte. Früher glaubte man, daß der Tiger eng mit dem Löwen verwandt sei – heute nimmt man an, daß sich die Beiden vor etwa 2 Millionen Jahren aus denselben Vorfahren entwickelt haben (die ältesten Tiger-Fossilien sind anderthalb Millionen Jahre alt). Der Löwe trennte sich etwas später von Jaguar und Leopard und ist deshalb näher mit ihnen verwandt. Im Gegensatz zur populären Überlieferung gab es aber niemals „Säbelzahn-Tiger" – weder hatte diese Katzenart, noch irgendeine ihrer direkten Vorfahren, solche extreme Zahnbildung. Trotzdem sind die Oberzähne des Tigers die größten unter denen der Raubkatzen. Verblüffend ist auch, daß erst in Nordsibirien fossile Tigerknochen gefunden wurden und dann in Alaska. Das läßt vermuten, daß auch Tiger während der 100.000 Jahre dauernden Eiszeit die Bering-Straße nach Nordamerika überquert haben müssen.

Von Urzeiten bis zum Ende des 19. Jahrhunderts war der Tiger in Asien vom Kaspischen Meer bis zum südlichen Rußland und bis nach Sibirien verbreitet; nördlich davon kam er in Iran und Afghanistan vor und bewohnte in Fernost den gesamten indischen Subkontinent, China (ohne Tibet und die westlichen Ebenen), Korea, Burma, die indochinesische Halbinsel und die indonesischen Inseln außer Borneo. Heute findet man ihn nur noch in Indien, Nepal, Bhutan, Bangladesh, Burma, Thailand, Laos, Vietnam, Malaysia, Indonesiens Hauptinsel Sumatra, in einigen Winkeln Zentralchinas (die Provinzen Hubei, Hunan und Jiangxi) und letztlich noch im äußersten Südosten Sibiriens. Bis in die späten achtziger Jahren hinein gab es noch Berichte über Tiger in Nordkorea – aber sie sind dort wahrscheinlich inzwischen ausgestorben.

vorige Seite und rechts: Obwohl der Lebensraum des Tigers von Indien über Indonesien bis hinauf nach Ostsibirien reicht, ist er in all diesen Gebieten vom Aussterben bedroht. Möglicherweise hängt sein Überleben nur noch von Zuchtprogrammen mit gefangenen Tieren ab – zwei davon sind diese herrlichen Exemplare.

oben und rechts: Der Sibirische Tiger (dies sind zwei Zoo-Exemplare in Colorado,USA) ist der größte Tiger und damit auch die größte Raubkatze auf Erden. Sein Fell ist etwas heller als das seiner Artverwandten und im Winter länger als im Sommer.

Zu Beginn des 20. Jahrhunderts existierten noch acht Unterarten des Panthera tigris:

Der Bengalische oder Indische Tiger (*P.t. tigris*), der Sibirische oder Amur-Tiger (*P.t. altaica*), der Südchinesische Tiger (*P.t. amoyensis*), der Indochinesische Tiger (*P.t.corbetti*), der Sumatra-Tiger (*P.t. sumatrae*), der Java-Tiger (*P.t. sondaica*), der Bali-Tiger(*P.t. balica*) und der Kaspische Tiger (*P.t. virgata*).

Der Java-, Bali- und Kaspische Tiger sind inzwischen ausgestorben – der Südchinesische wird wohl das nächste Jahrtausend auch nicht mehr erleben.

ERSCHEINUNG, GRÖSSE UND VERBREITUNG

Ein Tigerfell ist unverwechselbar – aber es kann in Farbe, Länge und Dichte von Unterart zu Unterart und von Individuum zu Individuum variieren. Die Grundfarbe zum Beispiel kann von fahlem Gelb über gelbliches Orange bis hin zu rötlichem Ocker wechseln. Teile des Kopfes, der Brust und die Innenseiten der Beine sind meist cremig oder weiß – mal mehr und mal weniger. Die Längsstreifen können grau, graubraun oder dunkelbraun sein, ja sogar kohlefarben oder schwarz. Außerdem unterscheiden sie sich in Anzahl, Breite und Muster, und zwar nicht nur bei verschiedenen Unterarten oder Einzeltieren, sondern auch von der einen Seite eines Tigers auf die andere. Wie der Fingerabdruck eines Menschen ist das Fell eines Tigers absolut einzigartig.

Das Tigerfell ist dazu da, das Tier „auflösend" zu tarnen: anstatt mit dem Hintergrund zu verschmelzen, lösen die Streifen die Konturen des Körpers auf – vor allem nachts, wenn der Tiger auf Jagd geht. Die runden Ohren des Tigers sind kleiner als Löwenohren und haben auf der Rückseite einen auffälligen weißen Fleck. Weiße Tiger, die besonders attraktiv sind für Zoos und Shows, sind keine Albinos – sie haben schwarze oder braune Streifen –, sondern stammen aus der Verbindung von Individuen, die diesbezüglich „rückbildende" Gene haben. Melanismus – schwarzes Fell – kommt bei Tigern kaum vor.

Der Sibirische oder Amur-Tiger (auch Mandschurei-Tiger genannt, da er einst im Nordosten Chinas und Koreas vorkam) ist die größte Unterart und damit auch die größte Raubkatze auf Erden. Die mächtigsten jemals vermessenen Exemplare wogen an die 385 Kilo – im Schnitt kommen sie auf etwa 320 Kilo. Die Männchen werden bis zu 3 Meter lang und haben eine Schulterhöhe von über einem Meter. Das Fell des Sibirischen Tigers ist heller als das der meisten anderen Artgenossen – im Winter wächst es zu ansehnlicher Dichte und bildet am Hals so etwas wie eine Mähne. Sein heutiges Verbreitungsgebiet ist eine etwa 1000 Km lange Bergwaldregion im Nordosten von Wladiwostok im südöstlichen Zipfel von Sibirien – hier, zwischen der Pazifikküste und dem Amur-Fluß, liegt das Sikhote-Alin Biosphären Reservat.

Der Bengalische oder Indische Tiger ist dunkler und leichter als sein sibirischer Vetter – kann aber genauso lang und hoch werden. Die Männchen werden in der Wildnis über 200 Kilo schwer – man hat aber auch Exemplare gefunden,

die ebenso viel wogen wie die Sibirischen Tiger. Am Ende des 19. Jahrhunderts streiften noch an die 40.000 von ihnen durch ganz Indien – heute kommt er nur noch in vereinzelten Flecken in Nepal, Bhutan, Bangladesh und in den indischen Provinzen Rajasthan, Karnataka, Madhya, Pradesh und Assam vor. Die größte Ansammlung wildlebender Tiger (zwischen 480 und 520) findet man heute in den Mangrovenwäldern des Ganges-Deltas am Golf von Bengalen, bekannt als die „Sundarbans". Dieses Waldgebiet erstreckt sich über fast zehneinhalbtausend Quadratkilometer von Bangladesh bis kurz vor Kalkutta.

Der Indochinesische Tiger wird erst seit 30 Jahren als eigene Unterart gewertet – er ist kleiner und dunkler als der Bengalische Tiger und kommt in Burma – dem heutigen Myanmar –, in Thailand, der indochinesischen Halbinsel und in Malaysia vor. Seinen Namen verdankt er dem berühmten Tigerjäger Jim Corbett.

Der Südchinesische Tiger ist so groß wie der Indochinesische, hat weniger, dafür aber breitere Streifen und weist nicht so viele weiße Fellflecken auf. Viele Wissenschaftler

oben und rechts: Diese zwei Sibirischen Tiger aus Zoos in Colorado und Tennessee, USA zeigen ein anderes typisches Merkmal ihrer Art: breitere Schnurrhaare, als es die anderen Unterarten haben. Heute leben doppelt soviel Sibirische Tiger in Gefangenschaft wie in Freiheit.

oben und rechts: Die meisten Menschen glauben, daß die Heimat des Tigers in den Tropen liegt. Tatsächlich aber besteht der Lebensraum des Tigers aus Wald, der von dichtem, feuchten Mangrovenwald am Ganges-Delta in Bangladesh bis zum immergrünen Bergwald östlich des Amur-Flusses in Ostsibirien reicht, wo bitterkalte Winter herrschen.

glauben, daß der Südchinesische Tiger der Ursprung aller Tigerarten ist. Noch in den 40igern unseres Jahrhunderts wurden südlich vom Yangtse-Fluß mehrere tausend Exemplare gezählt – unter der Herrschaft Mao-Tse-tungs wurden aber über 1.500 Tiger getötet, weil sie als Schädlinge galten und Abertausende mußten ihr Leben lassen, um in der traditionellen chinesischen Medizin „verwertet“ zu werden. Heute gibt es schätzungsweise nur noch 30 Individuen, die in drei oder vier Bergwäldern überlebt haben und kurz vorm Aussterben stehen.

Der Sumatra-Tiger ähnelt dem Südchinesischen, hat aber ein orange-gelbes Fell mit breiten, schwarzen Streifen und kaum weißen Flecken. Er lebt in den dichten Regenwäldern der nordwestlichen und mittleren Bergregionen von Sumatra.

Der Java- und der Bali-Tiger sind heute ausgestorben – diese kleineren und dunkleren Vettern des Sumatra-Tigers wurden nur knapp 100 Kilo schwer. In den Zwanzigern gab es auf Java noch ein paar Hundert dieser Raubkatzen in vier Reservaten – 40 Jahre später waren sie auf Grund von Lebensraumverlust und Jagd verschwunden. Es gab nie viele Bali-Tiger – der letzte wildlebende Bali-Tiger war bereits 1937 abgeschossen worden und selbst in einem Reservat konnten sich die letzten Bali-Tiger nur noch bis 1970 halten.

Der Kaspische Tiger, der einst in großer Zahl durch die Osttürkei, Aserbeidschan, Nordirak, Iran, Afghanistan, Turkmenistan und Usbekistan streifte, wurde seit den Siebzigern nirgendwo mehr beobachtet – weshalb man annehmen muß, daß auch er ausgestorben ist.

Er ähnelte dem herrliche Bengalischen Tiger, hatte aber hellere und dichtere Streifen.

oben: Der Bengalische oder Indische Tiger ist nicht so massig wie sein Sibirischer Verwandter, aber oft genauso lang und hoch. Seine Fellfarbe und die Streifen darauf sind auch etwas dunkler (dieser hier lebt im Zoo von Nashville, Tennessee).

rechts: In der Wildnis können Sibirische Tiger über 340 Kilo wiegen – in Gefangenschaft sind sie meist 10% schwerer. Ein hungriger, wilder Tiger kann auf einen Schlag 1/5 seines Körpergewichts verdrücken.

LEBENSRAUM, VERHALTEN UND JAGD

Im Gegensatz zu Löwen sind Tiger Waldbewohner – ihre Lebensräume aber variieren erheblich zwischen den verschiedenen Unterarten. Der Sibirische Tiger lebt in Bergwäldern, wo die Temperaturen im Winter unter den Gefrierpunkt fallen – Bengalische und Indochinesische Tiger hingegen müssen tropische Hitze von 43° aushalten können. Der Pflanzenwuchs in ihren Revieren ist sehr unterschiedlich: nassfeuchte Mangrovensümpfe in den Sundarbans, dichte Regenwälder in Burma und Assam, offene Mischwälder auf der indochinesischen Halbinsel und feuchte Laubwälder in Bhutan. Tiger sind ausgezeichnete Schwimmer (manche Zoologen glauben, daß Java-Tiger schwimmend die schmale Meerenge nach Bali überquert und sich dann dort niedergelassen haben) und leben ausschließlich an Flüßen, Seen oder Teichen. In Indien verbringen sie fast den ganzen Tag im Wasser, um der glühenden Hitze zu entgehen.

Tiger sind Einzelgänger: ein erwachsener Kater lebt alleine – die Katze zusammen mit ihren Jungen. Die Männnchen haben eigene Reviere, die von anderen Katern respektiert werden und schließen meist – ganz oder teilweise – das Gebiet eines Weibchens ein, mit dem sie sich auch paaren. Ein Tiger-Männchen geht alleine auf Jagd und schnappt sich manchmal die Beute, die eines seiner Weibchen oder ein Leopard erlegt haben. Der Tiger jagt methodisch: er durchkreuzt systematisch sein Revier, schleicht sich ungeheuer leise an das Beutetier ran (was erstaunlich ist angesichts seiner Größe und seines Gewichtes) und sprintet dann blitzschnell los, wirft die Beute zu Boden, packt sie im Nacken oder an der Kehle, erdrosselt sie oder zerbricht ihr das Rückgrat. Der Kill wird gleich halb gefressen oder unter einem Busch oder im hohen Gras versteckt. Nur einer von zehn Jagdversuchen ist erfolgreich – eine akzeptable Quote, wenn es im Jagdrevier von potentieller Beute wimmelt. Gibt es aber weniger und schwerer zu findende Beute, kann so ein bescheidenes Verhältnis schnell lebensgefährlich werden. Erwachsene Weibchen müssen pro Tag an die 6 Kilo Fleisch

links: Ein weißer Bengal-Tiger im Nashville-Zoo. 1951 wurde der erste weiße Tiger im Wald von Bandhavgarh in Zentralindien entdeckt. Die dunkelbraunen Streifen zeigen, daß hier kein Albinismus vorliegt.

rechts: Der Lebensraum eines Tigers umfaßt Flüsse, Seen und Teiche: wie der Jaguar auch, sind Tiger absolute Wasserliebhaber und hervorragende Schwimmer. In den Tropen liegen sie oft stundenlang im Wasser, um der brütenden Hitze zu entgehen.

fressen – haben sie bei einem Kill das drei bis vierfache vor sich, können sie ein paar Tage ohne Futter auskommen. Man schätzt, daß eine Tigerin mit drei Jungen pro Jahr 3.600 Kilo Fleisch benötigt – viel, wenn die Beute plötzlich rar wird. Tigerjunge fangen schon im Alter von drei bis vier Monaten an, Fleisch zu fressen, werden aber erst zwischen 12 und 16 Monaten jagdfähig. Sind sie anderthalb oder zwei Jahre alt, verlassen sie die Mutter und wetteifern mit ihr, den Geschwistern oder anderen Erwachsenen um ein eigenes Revier.

Die Weibchen kommen mit drei Jahren zum ersten Mal in Hitze und haben normalerweise einen Wurf von drei oder vier Jungen. Eine der am genauesten untersuchten Tigerinnen – ein Bengalischer Tiger namens Sita aus dem Bandhavgarh Nationalpark im indischen Madhya Pradesh – wurde im Januar 1982 geboren. Sie hatte sechs Würfe – den ersten (Januar 1986) und zweiten von ein und demselben Männchen, die anderen vier von einem anderen. Der letzte Wurf vom September 1996 bestand aus einem männlichen

oben: Ein wachsamer Sibirischer Tiger – Tiger jagen meist entlang von Flußbetten oder Waldwegen und durchstreifen dabei Reviere, die 90 km² groß sein können.

links: Eine Tigerin im Zoo liebkost ihr Junges, das sie bis zu einem halben Jahr lang säugen wird.

vorige Seite: Ein junger Sibirischer Tiger im Zoo. Der Wurf einer Tigermutter kann sieben Junge haben – in der Wildnis sind allerdings nur drei bis vier Junge die Regel.

und zwei weiblichen Jungen, alle gesund und munter. Ende 1997 lebten noch zwei Tiger aus Sita's erstem Wurf – das eine Weibchen hatte selbst zwei eigene Würfe. Sita's Tochter Bachhi aus dem vierten Wurf von 1994 lebte auch noch und hatte 1997 drei Junge geworfen. Sita war so zu einer schönen, immer noch aktiven Großmutter geworden und erreichte ein für Raubkatzen respektables Alter von fast 16 Jahren.

In Indien, auf der indochinesischen Halbinsel und auf Sumatra sind Huftiere die Haupbeute der Tiger – die wunderschön gepunkteten Axis-Hirsche, Sambar-Pferdehirsche,

Muntjaks oder Bellhirsche, und in Indien vor allem die Gaur-Büffel. Daneben fressen sie auch gerne Wildschweine und Affen. In Sibirien jagen Tiger vor allem Rotwild und Wildschweine.

Auch unter den Bengalischen Tigern gab es berühmte „Menschenfresser" – und niemand war mehr gefürchtet als die „Champawat"- Menschenfresser-Tigerin. Nachdem sie an die 200 Leute getötet hatte, wurde sie von einem bewaffneten Trupp aus Nepal in den Kumaon-Distrikt in Uttar Pradesh getrieben, wo sie dann in den nächsten vier Jahren 436 Menschen umbrachte. 1907 wurde sie dann von Jim Corbett zur Strecke gebracht.

Dieser „berühmte" Jäger erledigte in den folgenden 30 Jahren alle Tiger, von denen man annahm, daß sie zusammen etwa 1.300 Menschen getötet hatten. Corbett berichtete allerdings, daß nach seiner Erfahrung Tiger nur am Tage Menschen überfallen – die nächtens erwischten Leute waren die Beute von Leoparden. In seinem Bestseller „Die Menschenfresser von Kumaon" schrieb er: „Ein menschenfressender Tiger ist ein Tiger, der durch von ihm selbst nicht zu kontrollierendem Stress gezwungen ist, fremdartige Nahrung anzunehmen. Dieser Stress besteht in neun von zehn Fällen aus Verwundungen, und im zehnten Fall aus hohem Alter." So wahr das auch ist, fest steht, daß, wenn ein Tiger erstmal Menschenfleisch gekostet hat, er nicht davon abläßt, sobald sich eine entsprechende Gelegenheit ergibt. Heute kommt ein dritter Stress-Faktor zu Corbetts Analyse: das Verschwinden von gewohnter Beute.

Die Bengalischen Tiger aus den Sundarbans scheinen besonders grausam gegenüber Menschen zu sein – sie killen jedes Jahr regelmäßig zwischen 50 und 60 Menschen, die dort arbeiten – obwohl es in den Mangrovenwäldern genügend Beute für sie gibt. Im November 1986 wurde zum ersten Mal versucht, der Menschenfresser-Bedrohung Herr zu werden: Da Tiger immer von hinten angreifen, banden sich die Arbeiter Gesichtsmasken falschrum an den Kopf – mit dem Gesicht nach hinten. Und es funktionierte – das ganze Jahr über war keiner der Maskenträger angegriffen worden – aber 30 Leute mußten sterben, die keine Masken trugen.

rechts: In der freien Wildbahn werden Tigerjunge während der Säugezeit ständig von einem Bau zum anderen gebracht, damit ihnen mögliche Räuber, z. B. Leoparden, nicht auf die Spur kommen.

DER KAMPF UMS ÜBERLEBEN

Alle fünf noch verbliebenen Tigerarten sind seit mindestens 40 Jahren bedroht – 60% von ihnen leben in Indien, Bangladesh, Nepal und Bhutan, wo das Töten von Tigern seit 1970 verboten ist. In Pakistan haben keine überlebt. Der Hauptgrund für den katastrophalen Niedergang der Tigerpopulation liegt im Anstieg der menschlichen Bevölkerung und dem damit einhergehenden Druck auf ihren Lebensraum, den Wald, der für Ackerbau und Viehzucht kultiviert werden soll. 1973 half die damalige indische Ministerpräsidentin Indira Ghandi, ein Schutzprogramm in Anlehnung an Forderungen des IUCN aufzustellen – das „Projekt Tiger" –, das dann durch Spendeneinnahmen des World Wide Fund for Nature (WWF) mitfinanziert wurde.

Die indische Regierung richtete nun eine Anzahl von Nationalparks ein (erst neun, dann insgesamt 23), die speziell dem Schutz der Tiger und deren Beutetiere dienen sollten. Im Herzen der Parks gab es für die Öffentlichkeit gesperrte Waldzonen, in denen sich die Tiger ungestört vermehren sollten. Die Idee dabei war, daß, wenn in dieser inneren Zone der Tiger-Bestand ansteigen würde, dessen Überschuß – zum Beispiel erwachsen werdende Jungtiere – in benachbarte Waldgebiete auswandern würden. Breite Pufferzonen um die Kernzonen sollten den Tigern zusätzlich freien Zugang zu neuen Revieren garantieren.

rechts: Ein halberwachsener Sibirischer Tiger. Das Revier eines Tigermännchens umfaßt meist ganz oder teilweise die von mehreren Weibchen, mit denen sie sich auch paaren.

unten: Tigerbabies fangen mit vier bis sechs Monaten an, Fleisch zu fressen – mit der Jagd beginnen sie aber erst nach einem Jahr.

Zu Beginn war das Projekt ein voller Erfolg – der Anfangsbestand im Jahre 1973 von 1.800 Tigern war bis 1984 auf über 4.000 Exemplare gestiegen. Diese Zahlen wurden zwar später angezweifelt, aber in diesen 11 Jahren war der Tiger-Bestand ohne Frage erheblich angestiegen.

Als dann 1984 Indira Ghandi ermordet wurde, begann das „Projekt Tiger" zu zerbröseln. Örtliche Politiker in den Reservatsgebieten wurden zu Fürsprechern der Bauern, die immer mehr Wald roden wollten, um neues Ackerland zu gewinnen. Immer mehr Pufferzonen und Fluchtkorridore der Tiger schwanden dahin und immer mehr Bäume fielen unter den Äxten der Bauern. Als die Menschen dann auch in die vordem geschützten Kernzonen vordrangen, verscheuchten sie die dortigen Beutetiere der Tiger oder töteten sie aus Hunger. Und mit dem Verschwinden der Beutetiere sank auch wieder die Zahl der Tiger. Dann trug auch noch eine andere unselige Entwicklung zum Desaster bei: viele Tiger wurden erschossen, in Schlingen gefangen oder vergiftet, um ihre Knochen und sonstigen Körperteile illegal nach China zu exportieren, wo sie als „traditionelle", aber völlig wertlose Medizin gehandelt werden.

Dieser Handel und das Tiger-Ausrottungsprogramm der chinesischen Regierung brachten den Südchinesischen Tiger an den Rand des Aussterbens – nunmehr wenden sich die Händler dem Bengalischen Tiger zu, um die entstandene Lücke wieder zu schließen...

Der illegale Handel blüht immer noch und die nach wie vor steigende Bevölkerung bedrängt ungebremst die Schutzgebiete in Indien, Bangladesh und Burma. Auf der indochinesischen Halbinsel, und dort besonders in Laos, Kambodscha und Vietnam, haben die fürchterlichen Kriege der jüngsten Vergangenheit die sowieso schon kritische Lage noch verschärft. In Thailand sind die großen Huftiere durch Bejagung längst selten worden und die letzten dort lebenden Tiger müssen mit den kleineren Muntjaks und Affen vorlieb nehmen oder sogar Stachelschweine fressen.

1994 trafen sich in Neu-Delhi die Vertreter von 14 Staaten, in denen noch Tiger leben, um eine internationale Initiative gegen den Tiger-Handel ins Leben zu rufen. Noch

rechts: Dieses weiße Tigerbaby war eine große Attraktion im Zoo von Nashville. In der Wildnis verlassen Tigerbabies ihre Mutter, wenn sie anderthalb bis zwei jahre alt sind und suchen sich dann eigene Reviere.

ist der Kampf nicht ganz verloren: in Indien und Bhutan haben sich viele „Tiger-Projekt"-Gebiete erfolgreich behauptet und in Sumatra hat sich die Tiger-Population nach jahrelanger Abnahme durch die expandierende Holzfällerei und trotz des Massenansturms von Einwanderern aus Java stabilisieren können. Der Way Kembas Nationalpark am Südost-Ende der Insel ist der Vorreiter im Kampf für das Überleben der heimischen Tiger. Auch in Ostsibirien hat es das 1992 gegründete lokale „Tiger-Projekt" geschafft – aller Wilderei und industrieller Waldrodung zum Trotz –, das Aussterben der Tiger gerade noch zu verhindern. Das dort zur Zeit noch größte Problem sind die örtlichen Jäger, die dabei sind, die heimischen Huftiere in einer Art „overkill" zu vernichten. Gelingt dieses und kann die Wilderei ausgemerzt werden, hat der Sibirische Tiger die Chance, wenigstens für kurze Zeit zu überleben.

Der heutige Bestand der in geschützten Reservaten und in der Wildnis lebenden fünf Tigerarten stellt sich wie folgt dar:

Bengalischer Tiger (Indien, Nepal, Bhutan, Bangladesh)	3.000 – 4.750
Indochinesischer Tiger (Burma, Thailand, Kambodscha, Laos, Vietnam, Malaysia)	1.100 – 1.750
Sumatra-Tiger (Sumatra)	400 – 500
Sibirischer Tiger (Rußland)	450 – 470
Südchinesischer Tiger (China)	20 – 30

Zusammengezählt ergibt das einen weltweiten Gesamtbestand von nur noch 4.970 bis 7.500 Tigern. Diese Zahlen aber sind problematisch – die niedrigsten und höchsten mögen zu hoch gegriffen sein und geben auch keinen Aufschluß darüber, ob der Bestand langfristig gesichert ist. Selbst in Indien gibt es Bestände, die zu klein sind, um Inzucht und damit ein Verkümmern des Genpools mit anschließender Degenerierung zu verhindern. Relativ gedeihliche Bestände wiederum können unversehens wieder sinken, wenn der Druck der Bauern auf die Waldgebiete und die Wilderei wegen oder nach Tigerknochen nicht nachlassen.

Es bedarf einer ständigen Wachsamkeit auf Seiten der internationalen Natur- und Tierschutzorganisationen, der nationalen Regierungen und der Schutzgebietdirektoren samt ihrer Mitarbeiterstäbe, um zu verhindern, daß der Tiger doch noch ausstirbt.

links und rechts: Der Kampf um die Erhaltung der Sibirischen Tiger (dies sind zwei wunderschöne Exemplare) wird wohl durch Zuchtprogramme in Amerika und Europa entschieden. Aber auch in ihrer Heimat wird für sie gekämpft: im Sikhote-Alin Reservat nordöstlich von Wladiwostok.

unten: Ein weißer Bengal-Tiger ist zwar von exquisiter Schönheit und ein Magnet in allen Zoos – Tierschützer aber betrachten ihn oft mit Argwohn. Man glaubt, daß die wegen ihrer Popularität gezüchteten „weißen" Populationen durch Inzucht gefährdet sind und genetische Defekte aufweisen können. Letztendlich aber hängt die Zukunft aller Tigerarten davon ab, daß sie durch Einzeltiere mit einem gesunden, breiten genetische Pool weitergezüchtet werden.

Panthera onca

Der Jaguar

Der Jaguar ist mit Abstand die größte Raubkatze, die in den beiden Amerikas vorkommt – oberflächlich gesehen sieht sie dem Leoparden Afrikas ähnlich, ist aber etwas größer, hat einen gedrungeneren Körper und kürzere Beine, einen massigeren Kopf und eine etwas andere Fleckenzeichnung im Fell. Beide Arten haben sich aus einem gemeinsamen europäischen Vorfahren entwickelt, und irgendwann kam der urzeitliche Jaguar über die Landbrücke der Bering-Straße nach Amerika. In Europa starb sein Vorgänger, der „Panthera gombaszoegeni" aus und die ältesten Jaguar-Fossilien, die man in Nordamerika (Washington State, Oregon und Nebraska) fand, sind etwa anderthalb Millionen Jahre alt. Sie belegen, daß der Ur-Jaguar mit seinen längeren Beinen ausgesehen haben muß wie eine Art Riesen-Jaguar. Daß seine Beine dann im Laufe der Evolution kürzer wurden, mag daran gelegen haben, daß er sich einem neuen Lebensraum, dem tropischen Regenwald, anpassen mußte.

Man hat sehr viele Jaguar-Fossilien in Amerika gefunden – und zwar immer dort, wo es keine von Löwen gab. Es hat auch mehrerer Unterarten gegeben – aber alle waren in etwa so groß wie der heutige Jaguar.

Das ursprüngliche Verbreitungsgebiet des Jaguars reichte vom Staat Washington im Nordwesten der USA bis zum südlichen Argentinien. In den ersten 100 Jahren unseres Jahrhunderts gab es zwar noch kleine, aber lebenstüchtige Gruppen in Arizona, New Mexico und Texas – der Jaguar-Bestand insgesamt aber ist trotz seiner vielfältigen Lebensräume inzwischen dramatisch gesunken. Aus den Ver-

vorige Seite: Ein Jaguar ruht in seinem Bau. Die drittgrößte Raubkatze ist auch die größte aller Katzen in Amerika. Einst lebte sie in ganz Nord- und Südamerika – heute beschränkt sich ihr Lebensraum auf Mittelamerika und das gesamte Amazonas-Becken.

rechts: Ein Jaguar-Junges im Zoo. In den ersten Lebensmonaten ist sein Fell kürzer als das der Erwachsenen und bekommt seine unvergleichlich schöne Markierung mit sechs bis acht Monaten.

oben: Melanismus kommt bei Jaguaren seltener vor als bei Leoparden, und wenn, dann eventuell in der Wildnis. Diese schwarze Jaguar-Mutter liebkost ihr normalgeflecktes Junge.

unten: Diese Nahaufnahme eines Jaguars mag erklären – aber nicht entschuldigen -, warum das Fell des Jaguars einst so begehrt war. Seit den 70iger Jahren ist der legale Fellhandel zwar drastisch zurückgegangen, aber es gibt immer noch den illegalen Pelzhandel, wenn auch in beschränkterem Umfang als früher.

einigten Staaten ist er völlig verschwunden und die nördliche Grenze seines Vorkommens verläuft heute quer durch Mexikos Halbinsel Yucatan. Man findet ihn nur noch in Zentralamerika, im Amazonas-Becken und in den Staaten östlich der Anden bis hinab nach Argentinien.

ERSCHEINUNG UND GRÖSSE

Der Jaguar ist nach Löwe und Tiger die größte Raubkatze – seine Maße variieren mit dem jeweiligen Lebensraum. Die kleinsten Jaguare leben rund um den Äquator – nördlich und südlich davon werden sie immer größer. Das hängt wohl mit zwei Umweltfaktoren zusammen: einmal mit dem Klima und zum anderen mit der Beschaffenheit des Lebensraumes. Wo es kälter ist, gilt: je größer ein Tier, desto geringer der Wärmeverlust seines Körpers. Noch wichtiger aber ist, daß Körpergröße – und damit Kraft und Schnelligkeit – in offenem Gelände besser ist, um die dort lebenden großen Huftiere zu jagen (was wir auch schon bei den Löwen beobachten konnten). In der Steppe gibt es auch mehr Beutetiere, mindestens saisonal, als im tropischen Regenwald – so werden die dort lebenden Jaguar-Männchen denn auch mühelos zwischen 136 und 159 Kilo schwer, während ihre tropischen Verwandten nur zwischen 45 und 57 Kilo wiegen. Bei den Weibchen ist das Verhältnis etwa 108 Kilo zu 36 Kilo. Ein Jaguar-Männchen wird zwischen 1,80 Meter und 2,60 Meter lang – incl. einem etwa 70cm langen Schwanz. Die Grundfarbe seines Fells liegt zwischen Gelb und Zimt und wird am Bauch, an den Innenseiten der Beine, an der Brust und am Maul weiß. Wie beim Leoparden sind die Fellflecken von Tier zu Tier verschieden – prinzipiell aber sind es dunkelbraune oder schwarze Rosetten, vornehmlich auf Rücken und Flanken zwischen Vorder- und Hinterbein. Anders als beim Leoparden haben diese Rosetten einen dunklen Fleck in der Mitte. Melanismus (schwarzes Fell) kommt nur selten vor.

VERHALTEN UND JAGD

Die meisten Jaguare leben heute im tropischen Regenwald – möglichst nahe an Flüssen und Seen. Aber sie kommen auch in Steppen und sogar Halbwüsten vor, solange es dort Wasser gibt. Jaguare können hervorragend schwimmen und fangen Fische, Schildkröten, Otter, Wasserschweine, Kaimane und Schlangen. Sogar die Riesenschlange Anakonda wird nicht verschmäht. An kleineren Beutetieren fressen sie Pekaris (Nabelschweine), den nachtaktiven Tapir, das vorsintflutliche Armadillo-Gürteltier, das Baum-Faultier (Jaguare sind perfekte Baumkletterer) und Rehwild. In der Nähe von Dörfern überfallen sie gerne das Vieh der Bauern – aber nur,

wenn diese ihren Lebensraum, den Wald, gerodet haben. Manchmal greifen sie auch Menschen an – meistens aber gehen sie ihm aus dem Weg und noch nie hat jemand etwas von menschenfressenden Jaguaren gehört.

Männchen und Weibchen leben einzelgängerisch – ein rolliges Weibchen paart sich mit mehrerern Männchen und hat meist einen Wurf von bis zu vier Jungen. Das Fell der Babies ist länger als das der Erwachsenen und bekommt erst im Alter von sieben oder acht Monaten seine typischen Rosetten. Sie bleiben fast zwei Jahre lang bei der Mutter.

rechts: Der Jaguar hat auf jeder Seite des Mauls unterhalb der Schnurrhaare einen typischen, schwarzen Fleck. Der massige Kopf hat kleine, runde Ohren.

unten: Der Jaguar ist ein Waldbewohner, paßt sich aber auch offenerem Land an, wenn es dort genügend Wasser gibt.

rechts gegenüber: Mit 15 Monaten können Jaguar-Junge schon kleine Beutetiere jagen – bleiben aber, bis sie zwei Jahre alt geworden sind, bei ihrer Mutter.

AUSSICHTEN

Seit Jahrtausenden wird der Jaguar wegen seines Fells gejagt – aber erst in den letzten 100 Jahren nahm die kommerzielle Jagd so zu, daß seine Art von Ausrottung bedroht ist. Ende der 60iger Jahre hatten der Fellhandel und die Holzindustrie den Jaguarbestand so drastisch verringert, daß die Felljäger sich gezwungen sahen, kleinere Katzen zu jagen, damit die Nachfrage der „zivilisierten“ Modewelt befriedigt werden konnte. 1970 wurde der Jaguar endlich von CITES (Convention on International Trade in Endangered Species) auf die Rote Liste gesetzt – der Schutz der Raubkatzen ließ zwar den Fellhandel zurückgehen, aber es ist zu vermuten, daß in den Ländern, in denen der Jaguar vorkommt, nach wie vor auf diese prächtige Katze Jagd gemacht wird. Land-, Forstwirtschaft und Bergbau zerstören nach wie vor den Lebensraum des Jaguars und seiner Beutetiere – und damit ihn selbst. Lebenstil und Verhalten der wissenschaftlich nur wenig untersuchten Raubkatze sind weithin unbekannt – seit aber in Belize das erste Jaguar-Reservat mit 390 qkm eröffnet wurde, gibt es wenigstens die Hoffnung auf eine lebensfähige Population, von der Zoologen mehr über diese Art lernen und ihr damit zum Überleben verhelfen können.

rechts: Ein erwachsenes Männchen streift durch das erste Jaguar-Schutzgebiet der Welt, das 1984 in Belize im Cocksomb Basin gegründet wurde. Der Jaguar ist die am meisten das Wasser liebende Raubkatze und frißt vor allem Fisch, Otter, Schildkröten und Schlangen. Der Jaguar ist plumper als sein Verwandter, der Leopard, hat kürzere Beine und ist ein nicht so begnadeter Baumkletterer. Die Fellflecken bei Beiden sind oft nicht auseinander zu halten – aber generell sind die Rosetten des Jaguars größer und haben meist einen schwarzen Punkt in der Mitte, der bei Leoparden völlig fehlt.

Panthera pardus

Der Leopard

Der Leopard ist die am weitesten verbreitete Raubkatze und – was ihr Überleben angeht – die Erfolgreichste. Berücksichtigt man die Verschiedenheit ihrer Lebensräume, ist sie auch noch die Anpassungsfähigste unter ihnen. Außerdem jagt sie die unterschiedlichsten Beutetiere.

Das älteste, dreieinhalb Millionen Jahre alte Fossil eines Leoparden wurde – am gleichen Ort und ebenso alt wie das von Löwen – in Laetoli in Tanzania gefunden. Merkwürdigerweise war das in Europa genauso: die ältesten Leoparden-Knochen fand man gemeinsam mit Löwen-Fossilien in Vallonet in Südfrankreich, beide 900.000 Jahre alt.

Heute kommt der Leopard in ganz Afrika südlich der Sahara vor (vielleicht gibt es aber auch noch ein paar Exemplare im Atlas-Gebirge Nordafrikas) – von Guinea im Westen bis zur äthiopischen Küste am Roten Meer im Osten. Auf der arabischen Halbinsel leben sie an der Küste südlich von Mekka, im Jemen, im Hadramaut und in Oman. Nördlich

oben: Leoparden sind gute Schwimmer und fangen Fische, wenn sich die Gelegenheit ergibt.

rechts: Ein großes Weibchen auf ihrem Lieblingsbaum im Serengeti-Nationalpark in Tanzania.

vorige Seite: Der Leopard ist die anpassungsfähigste aller Raubkatzen, lebt in vielfältigen Lebensräumen und fängt die unterschiedlichsten Beutetiere.

oben: Der Indische Leopard ist in seinen Revieren ein Nahrungskonkurrent des Bengal-Tigers.

rechts: Der Afrikanische Leopard ist ein „Extrem-Baumkletterer", der Affen oben in den Bäumen jagt und tötet.

davon erstreckt sich ihr Lebensraum von der Südosttürkei über Iran, Afghanistan, Pakistan, Indien, Burma, Indochina und Java bis hinauf nach China, Korea und dem äußersten Südosten von Sibirien.

ERSCHEINUNG UND GRÖSSE

Der Leopard ähnelt dem etwas größeren Jaguar und ist ebenso je nach Lebensraum von unterschiedlicher Statur. Die mächtigsten Leoparden leben in den Bergen – die kleinsten in Wäldern und Wüsten. Auch hier ist das eine Adaption ans Klima (in den Bergen ist es kälter) und die Beschaffenheit der Beutetiere (die in Wald und Wüste sind kleiner als die in den Bergen und Steppen). Dementsprechend sind Leoparden-Männchen zwischen 1,60 und 2,60 m lang, incl. einem 1 m langen Schwanz. Der Leopard sieht generell schlanker aus als der Jaguar und erreicht mit seinen längeren und dünneren Beinen eine Schulterhöhe von bis zu 84cm. Sein Gewicht schwankt zwischen 27 und 84 Kilo bei den Männchen, während die Weibchen nur Zweidrittel dieser Körpermaße aufweisen.

Das Leopardenfell sieht aus wie das eines Jaguars – seine Rosetten aber haben keinen Fleck in der Mitte. In den Tropen ist es dünner als in kälteren Gegenden und variiert in der Farbe von fahlem Strohgelb über gräuliches Rehbraun, rotem Ocker bis hin zu Braun – bei den Leoparden im Dschungel von Zaire findet man sogar grün angehauchte Felle. Melanismus (schwarzes Fell) ist beim afrikanischen Leoparden selten, aber durchaus normal bei den asiatischen Wald-Leoparden. In Malaysia und Java z.B. sind mehr als 40% der heimischen Leoparden schwarz.

REGIONALE ABWEICHUNGEN

Angesichts der enormen Verbreitung der Leoparden ist es nicht verwunderlich, daß die Zoologen heute etwa 24 bis 27 Unterarten unterscheiden – über die Hälfte davon betreffen Afrikanische Leoparden. Der „*Panthera pardus pardus*", der südlich der Sahara und in Teilen Südostasiens lebt, ist die häufigste Unterart. Dann folgt der Indische Leopard, der „*Panthera pardus fusca*", der wie der Tiger auf dem indischen Subkontinent, in Bangladesh und Burma vorkommt. Auf Sri Lanka leben einige Vertreter der Unterarten „*P.p. kotiya*" und „*P.p. delacourie*", während der Indochinesische Leopard teilweise in denselben Gebieten wie der Indische Leopard lebt, was manchmal zu Verwirrung führt. Die nachfolgend beschriebenen Unterarten waren einst sehr zahlreich, sind inzwischen aber ausgestorben oder äußerst bedroht:

Der Berber-Leopard, „*P.p. panthera*", lebte einst überall im Atlas-Gebirge von Marokko, Algerien und Tunesien, kommt aber heute nur noch vereinzelt in Marokko vor. Der

Somali-Leopard, „*P.p. nanopardus*", ist die kleinste Unterart aus Äthiopien und Somalia – sie wurde wegen ihres besonders schönen Fells fast völlig ausgerottet. Der Sinai-Leopard, „*P.p. jarvisi*", kam auf der gleichnamigen Halbinsel vor – da es dort aber kaum noch Beutetiere gibt, gilt diese seltene Unterart als so gut wie ausgestorben – ihre letzten Spuren sah man Ende der Sechziger Jahre. Der benachbarte Anatolische Leopard, „*P.p. tulliana*", aus dem Libanon, Syrien und der südöstlichen Türkei, zählt zu den größten Leoparden und wurde zuletzt Mitte der Dreißiger Jahre gesehen – vieleicht gibt es noch ein paar von ihnen in den entlegenen türkischen Bergen. 1980 wurde in Georgien noch der Kaukasische Leopard, „*P.p. ciscaucasia*" gesichtet, während sein südarabischer Vetter, „*P.p. nimr*", der einst von Südisrael bis hinab zum Indischen Ozean lebte, heute nur noch vereinzelt im Jemen und Oman anzutreffen ist. Den Persischen Leoparden, „*P.p. saxicolor*", früher in Iran und Afghanistan zu Hause, sieht man heute nur noch in Zoos. Der kleine Java-Leopard, „*P.p. melas*", hat unter den Leoparden den größten Anteil an schwarzfelligen Tieren – 1980 gab es ihn dort noch in großer Zahl, die enorme Bevölkerungsexplosion aber bringt ihn immer stärker unter Druck. Schließlich gibt es noch zwei fernöstliche Unterarten: den Nordchinesischen Leoparden, „*P.p. japonensis*", und den Amur- oder Mandschurischen Leoparden „*P.p. orientalis*". Der langbeinige Amur-Leopard aus den russisch-chinesischen Grenzgebirgen lebt am weitesten im Norden und hat ein helleres Fell als seine Verwandten. Seine Fell-Rosetten sind größer und runder als bei anderen Leoparden und liegen weiter auseinander – aus der Mandschurei und Korea ist er inzwischen verschwunden.

LEBENSRAUM UND JAGD

Da der Leopard die auf unserem Erdball am weitesten verbreitete Raubkatze ist, besteht auch sein Lebensraum aus klimatisch und topographisch unterschiedlichsten Formen – vom dichten tropischem Regenwald über offenes Waldland

rechts: Der Afrikanische Leopard nutzt seine Kletterfähigkeiten, um seine auf dem Boden gefangene Beute sicher oben im Geäst eines Baumes abzulegen, wo sie sicher ist vor Mitbewerbern, wie Löwen oder Hyänen.

bis hin zu Savannen, Halbwüsten und Gebirgen. Oft teilt er dort sein Revier mit anderen Raubkatzen – in Afrikas Masai Mara und der Serengeti zum Beispiel mit Löwen, und in Indien mit Tigern. Auch wenn es dort vorkommt, daß die größeren Raubkatzen gelegentlich Leoparden-Junge töten, gehen sich die verschiedenen Arten weitgehend aus dem Weg und machen sich gegenseitig keine Konkurrenz. Die Anpassungsfähigkeit des Leoparden spiegelt sich auch in seinen Beutetieren wieder – er frißt große Insekten, Nagetiere, Schlangen, Vögel, Fische, junge Paviane, Wildschweine und auch Huftiere, die größer sind als er selbst. Und er stellt auch anderen Raubtieren nach. Er ist ein fast ausschließlicher Nachtjäger und lebt Dank seiner Fähigkeit, sich überall verstecken zu können, manchmal sogar in der Nähe von Dörfern oder Städten, ohne jemals vom Menschen entdeckt zu werden.

Leoparden sind die fähigsten und ausdauerndsten Jäger unter den Raubkatzen – in der Kalahari in Südafrika hat man beobachtet, wie ein Leopard seine Beute über 3 Km verfolgte. Meist schleichen sich Leoparden gegen den Wind an, so daß die Beutetiere sie nicht wittern können. Sie sind hervorragende Baumkletterer, die ihre Beute oben im Geäst aufbewahren, unerreichbar für Löwen oder Hyänen. Ein typisches Bild der afrikanischen Steppe ist ein Leopard auf einem Akazienbaum, der auf einer Astgabel ruht und links und rechts davon die Hinterbeine herunterbaumeln läßt.

In Teilen Indiens wird der Leopard oft als Menschenfresser gefürchtet – Jim Corbett's Erzählung über den menschenfressenden Leoparden von Rudraprayag in Uttar Pradesh zeugt vom Schrecken, den ein Leopard verbreiten kann, wenn er erstmal menschliches Fleisch genossen hat. Als Beispiel für die immense Kraft des Leoparden führt Corbett den Fall eines Mannes an, der vom Rudraprayag-Leopard in seinem Haus getötet, über 3 Km einen steilen Waldhang hochgeschleppt und weitere 3 Km durch dichten Busch gezerrt worden war. Dieser Leopard wurde für 125 Menschenopfer im Lauf von 8 Jahren verantworlich gemacht und 1926 schließlich von Corbett erschossen.

unten und rechts: Die charakteristischen, schwarzen Rosetten im Fell des Leoparden sind kleiner, als die des Jaguars und haben keinen mittleren Punkt. An diesem schönen Exemplar aus der Serengeti kann man das gut beobachten.

AUSSICHTEN

Die Aussichten für den Leoparden sind die besten von allen Raubkatzen: in Afrika gibt es mehrere Hunderttausend – allein in Südafrika zählte man zwischen 2.500 und 3.500 Exemplare. In Indien ist die Lage ungewiß – man hat dort einfach noch keine genaue Zählung vorgenommen. Man schätzt, daß es dort zwischen 6.000 und 15.000 Leoparden gibt und glaubt, daß die Unterart trotz einiger lokaler Dezimierungen nicht bedroht ist. Für die übrigen Unterarten im Rest der Welt sieht es hingegen kritisch aus – ihr Überleben hängt letztlich von Zuchtprogrammen mit gefangenen Leoparden ab. So werden heute in vielen Zoos Amur-, Nordchinesische-, Persische- und Sri-Lanka-Leoparden nachgezüchtet.

Solche Anstrengungen sind natürlich bewundernswert, aber es muß bezweifelt werden, ob die gefangenen Einzeltiere von so reiner Abstammung sind, daß die für ihre Art typischen, genetischen Eigenarten auf Dauer bewahrt werden können.

oben: Obwohl ein Leopard Beutetiere erlegen kann, die größer sind als er selbst, nimmt er auch kleinere Happen, wie diese junge Impala-Antilope.

rechts: Das Portrait eines erfolgreichen Jägers: obwohl in manchen Gegenden von Bauern erbarmungslos gejagt, gibt es heute mehr Leoparden auf der Welt, als alle anderen Raubkatzen zusammengenommen.

vorige Seite: Der Leopard ist der beste Pirschjäger aller Raubkatzen – dieser hier ist im Okonjima-Schutzgebiet im nördlichen Namibia unterwegs.

Panthera uncia

Der Schneeleopard

Der Schneeleopard ist die unbekannteste aller Raubkatzen – und das aus gutem Grund. Er lebt nämlich im abgelegenen Altai-Gebirge in der Mongolei, im Tien Shan in Nord-West-China und in den unzugänglichen Tälern und Schluchten des Karakorum-, Pamir-, Hindu Kush- und Himalaya-Gebirges – ein Gebiet, das Nordafghanistan, Nordpakistan, Jammu, Kashmir, Nepal und Bhutan einschließt. Die meiste Zeit seines Lebens verbringt er oberhalb der 3000 m hohen Baumgrenze – die der indische Leopard nicht überschreitet – und wurde bis hinauf auf 6000 m Höhe gesichtet. Er ist dort allerdings nur vereinzelt und in geringer Zahl anzutreffen – wie seine Beutetiere auch. In freier Wildbahn haben ihn nur wenige Menschen gesehen, und selbst Wissenschaftler, die sich wochenlang in seinen Revieren aufgehalten haben, bekamen ihn äußerst selten zu Gesicht.

Da ist es nicht verwunderlich, daß man auch kaum Fossilien von ihm fand – man vermutet, daß seine Ahnen vor über 1,2 Millionen Jahren im nördlichen Pakistan gelebt haben. Einige Zoologen zweifeln daran, daß der Schneeleopard mit den anderen vier Pantherarten überhaupt verwandt ist, da man ihn nie hat brüllen hören – was wohl darauf zurückzuführen ist, daß ihm die für diese Raubkatzenarten typische Zungenbeinkonstruktion fehlt. Trotzdem hat er ein Stimmenrepertoire, das vom Schnurren bis zum Fauchen reicht. Sein Körperbau – kurzes Rückgrat und lange Beine –, sowie die relativ kurzen, runden Zähne lassen ihn eher wie einen Verwandten des Geparden aussehen. So ordnen ihn denn manche Authoritäten der eigenen Art „*Panthera uncia*“ zu, was aber nicht unumstritten ist.

vorige Seite: Der Schneeleopard ist die geheimnisvollste aller Raubkatzen, die in den trostlosesten Gebirgen Zentralasiens lebt. Wenn sie im Winter ausruht, legt sie ihren langen, dichtbehaarten Schwanz um ihren Leib, um sich vor der eisigen Kälte zu schützen.

unten: Junge Schneeleoparden verstecken sich in Felsritzen oder Höhlen, wenn ihre Mutter auf Jagd geht.

rechts: Erwachsene Schneeleoparden haben ein ziemlich langes Fell, wodurch die Flecken und Rosetten wie verwischt aussehen.

ERSCHEINUNG UND GRÖSSE

Ein erwachsenes Schneeleoparden-Männchen wird ohne Schwanz zwischen 90 cm und 1,50 m lang – mit Schwanz fast einen Meter länger. Es kann bis zu 75 Kilo wiegen, während ein Weibchen nur 27 Kilo auf die Waage bringt. Das herrliche, dichte, lange Fell läßt ihn so groß wie einen Afrikanischen Leoparden aussehen – die Grundfarbe ist ein bleiches Grau mit weißlicher Brust und hellerem Bauch. Rücken, Flanken und Nacken sind oft etwas Beige gefärbt. Die Fellzeichnung besteht aus schwarzen Kringeln und Rosetten auf Rücken, Flanken und Schwanz, sowie wahllos über den Rest des Körpers verstreuten Flecken. Bauch und Brust sind aber meist fleckenlos. Wegen des langen Fells – auf dem Rücken 2,5 cm und am Schwanz 5 cm – sind die Markierungen allerdings verschwommener als beim Leoparden oder Jaguar. Wenn sich ein Schneeleopard ausruht, legt er den langen, dichtbehaarten Schwanz um seinen Körper und hat so einen zusätzlichen Schutz gegen die eisige Kälte. Auch zwischen seinen Pfotenballen wachsen dichte Haarbüschel – ideal zum Warmhalten und Gewichtverteilen auf Schneeflächen.

VERHALTEN UND JAGD

Schneeleoparden leben einzelgängerisch und Männchen und Weibchen treffen nur zur Paarung aufeinander. Sie sind tagsüber ständig unterwegs und jagen am liebsten morgens früh und in der Abenddämmerung. Ihre Reviere überlappen sich meist – aber ihre Wege kreuzen sich nur selten mit denen der Nachbarn. Die Reviergröße schwankt dabei zwischen 36 und 91 qkm. Die Paarungszeit wird vom unwirtlichen Klima bestimmt – ein Weibchen gebiert meist im wärmeren Mai, Juni oder Juli, um den Neugeborenen vor dem nächsten Winter bessere Überlebenschancen zu geben. Ein Wurf hat meist bis zu vier Junge, die schon mit fertigem Fell und ausgeprägter Zeichnung geboren werden. Wenn sie auf Jagd geht, versteckt die Mutter den Nachwuchs in felsigen Bauten oder in Höhlen. Mit drei oder vier Monaten sind die Jungen entwöhnt, bleiben aber fast anderthalb Jahre bei der Mutter.

Der Schneeleopard ist ein Meister des Anschleichens und Versteckens – ein Muß, will er überleben. Er bevorzugt felsiges Terrain, wo er sich gut verbergen kann, um dann in einer plötzlichen Attacke seine Beute anzugreifen, niederzuwerfen, an der Gurgel zu packen und zu erwürgen. Er kann dabei erstaunlich weit von Fels zu Fels springen – bis zu 14 Meter. Seine Hauptbeute sind Bharal-Blauschafe, Steinböcke, Markhor-Wildziegen, Wildschweine, Moschustiere, Murmeltiere und Hasen.

AUSSICHTEN

Nur dort, wo inzwischen menschliche Siedlungen an die Reviere der Schneeleoparden grenzen – zum Beispiel in den mongolischen Altai-Bergen –, raubt die so seltene Katze den Bauern ab und zu Schafe oder Ziegen. In den Siebziger und Achtziger Jahren tötete deshalb die lokale Bevölkerung jährlich an die 10 bis 15 Schneeleoparden. 1986 verbot die Regierung das Töten der Raubkatzen und schlug vor, das Problem des Viehraubs durch Schutzmaßnahmen zu lösen und gleichzeitig eine Art Jagdtourismus als Zusatzeinkommen aufzuziehen, dem dann jährlich 5 Schneeleoparden geopfert werden könnten. Diese Entscheidung löste eine starke Kontroverse aus und wurde vor allem von Tierschützern verurteilt.

Die Hauptgefahr für den Schneeleoparden ist indes die Wilderei. Sein herrliches Fell hat die Begierde des Fellhandels geweckt, und nur die unzugängliche Wildnis seines Lebensraumes und sein verborgener Lebensstil haben ihn bisher vor dem Aussterben bewahrt. Dies sind auch die Gründe dafür, daß man bisher nicht genau feststellen konnte, wieviel Schneeleoparden es überhaupt gibt – man schätzt heute ihre Zahl auf etwa 6.000 bis 10.000 Exemplare. Vor allem in Nordafghanistan, Pakistan, Bhutan und in den umkämpften indischen Provinzen Jammu und Kashmir ist sein Überleben allerdings in Frage zu stellen. In Gefangenschaft gibt es etwa 550 Schneeleoparden – meistens in China. Sie könnten einen ausreichenden genetischen Pool für die Nachzüchtung abgeben.

rechts: Die örtlichen Vorkommen an Schneeleoparden sind sehr klein und durch Wilderei bedroht: ihr ungewöhnlich schönes Fell ist wegen seiner Seltenheit sehr gefragt. Es bleibt nur zu hoffen, daß die Schneeleoparden in der Wildnis weiterhin so schwer zu finden sind und daß die gefangenen Exemplare in Zoos genügend genetische Vielfalt haben, um die Art zu erhalten.

Acinonyx jubatus

Der Gepard

Die ältesten fossilen Reste eines Geparden fand man in etwa 3 Millionen Jahre alten Ablagerungen in Süd- und Ostafrika – in Asien und Afrika hat man ähnliche, aber größere Versteinerungen aus derselben Zeit gefunden. Die europäische Variante wird der eigenen Art *„Acinonyx pardinensis“* zugeordnet, die erst vor einer halben Million Jahre ausgestorben ist. Da sie größer, aber ähnlich geformt war wie der heutige Gepard, könnte man annehmen, daß sie schneller laufen konnte als ihr moderner Vetter – aber Größe bedeutet oft auch mehr Gewicht und damit wird so ein Vergleich relativiert. Wahrscheinlich war der Europäische Gepard deshalb größer als sein Verwandter in Afrika, weil es in Eurasien kälter war und es dort damals mehr und größere Beutetiere gab – ähnlich wie bei den verschiedenen Jaguar-Größen in unterschiedlichen Klimazonen der Jetztzeit.

Als Wissenschaftler die geringe Fruchtbarkeit der Geparden – in der Wildnis ebenso wie in Gefangenschaft – untersuchten, kamen sie zu dem Schluß, daß die einst weitverbreitete Katzenart am Ende der Eiszeit vor etwa 10.000 Jahren fast überall ausgestorben sein mußte. Nur eine Handvoll oder ein Dutzend hatten wohl überlebt und alle heutigen Geparde müssen von diesem übriggeblieben Restbestand abstammen. Die Untersuchungen ergaben, daß männliche Geparde nicht nur eine geringe Menge Sperma haben, was zu gefährlich niedrigen Empfängnisraten bei den Weibchen führt, sondern daß es dadurch auch an genetischer Vielfalt fehlt. Über die

Jahrtausende führte das offenbar zu Inzuchtproblemen bei den wildlebenden Geparden.

Nach der Eiszeit reichte die Verbreitung der Geparde vom Mittleren Osten über Indien und andere Regionen Asiens bis hinein nach Afrika. Und aus Asien kommt auch sein in Afrika verbreiteter Name: aus dem indischen Sanskrit-Wort für „gefleckt“ – „chitra“–, machten die Engländer „cheetah“ – der deutsche Name „Gepard“ kommt aus dem französischen „guépard“, der sich wiederum aus dem italienischen „gattopardo“ = Katzen-Panther ableitet. Im zwanzigsten Jahrhundert schrumpfte das Verbreitungsgebiet der Geparde dramatisch – in Afrika ist es eine Zone aus versprengten Vorkommen, die sich südlich der Sahara von Mali und Nigeria ostwärts nach Äthiopien und dann nach Süden durch Kenya, Tanzania, Zambia, Malawi, Mozambique, Zimbabwe, Angola und Namibia bis zu den nördlichen Rändern Südafrikas hinzieht. Einige Zoologen wollen 5 afrikanische Unterarten ausgemacht haben, deren strukturelle Unterschiede aber nicht ganz klar sind: die zahlreichste und anerkannteste Unterart ist der südafrikanische Gepard *„Acinonyx jubatus jubatus“*. Der *„A.j. soemmeringi“* bezeichnet die nördliche Sahara-Art; *„A.j. hecki“* ist eine kleine Gruppe im westafrikanischen Benin; als *„A.j. raineyi“* wird der kenianische Gepard bezeichnet und *„A.j. ngorongorensis“* heißt die Unterart, die zwischen Tanzania und Malawi lebt. Der bekannte Mangel an genetischer Vielfalt unter den Geparden macht solche Einteilung allerdings sehr zweifelhaft.

In Asien beschränkt sich seit dem 2. Weltkrieg das Verbreitungsgebiet der Geparde auf eine Region im Süden und Osten des Kaspischen Meeres und bezieht sich auf zwei Unterarten: *„A.j. venaticus“* war einst bis weit nach Indien verbreitet und kommt heute nur noch im östlichen Iran an der Grenze zu Afghanistan und Pakistan vor. In einem Schutzgebiet der ostiranischen Provinz Khorasan erholt sich dort der Bestand langsam wieder, nachdem er durch Jagd

vorige Seite: Das Fell eines Geparden ist anders beschaffen als das der übrigen Raubkatzen: das Grundhaar ist glatt und die Flecken darauf sind etwas flauschig.

links: Von einem felsigen Aussichtspunkt aus beobachtet ein Gepard seine Umgebung in der Serengeti – vielleicht sind irgendwo Feinde oder Beutetiere.

rechts: Wenn ein Gepard sitzt, sieht er eher wie ein Hund aus, als wie eine Katze. Im Mittelalter bildeten indische Prinzen Geparde zu „Jagdhunden“ aus.

oben: Mutter und Kind in der üppigen Savanne Kenyas – das Gras bietet eine gute Weide für ihre Lieblingsbeute: kleinere Huftiere.

rechts: In einer Senke im Masai Mara-Schutzgebiet sucht ein Gepard Schutz vor der mittäglichen Sonnenglut. Geparde jagen am späten Morgen oder am frühen Abend, um Konflikte mit Löwen und Leoparden zu vermeiden.

fast ausgelöscht worden war. Die nördliche Unterart *„A.j. raddei“* streifte einst durch Turkmenistan und Kasachstan und gilt heute als ausgestorben.

ERSCHEINUNG UND VERHALTEN

Geparde werden zwischen 1,20 und 1,50 m lang, wozu noch ein etwa 50 bis 80cm langer Schwanz kommt, und werden an der Schulter 80 cm hoch. Zwischen den Geschlechtern gibt es viel weniger Unterschiede als bei den anderen Raubkatzen – beide wiegen durchschnittlich zwischen 45 und 61 Kilo. Ihre Körper sind wie maßgeschneidert für Geschwindigkeit: schmalköpfig, rank und schlank, tiefbrüstig und langbeinig.

Die Grundfarbe des Felles schwankt zwischen gräulichem Beige und rosa angehauchtem, lichtem Rehbraun – der Bauch und die Innenseiten der Beine sind dabei immer heller. Die Fellzeichnung besteht aus dichten, dunkelbraunen oder schwarzen Flecken von verschiedener Größe. Ungefähr in der Mitte des Schwanzes werden die Flecken zu Ringen und die Schwanzspitze ist schwarz. Ein Gepardengesicht erkennt man leicht an den beiden unverwechselbaren, schwarzen Linien, die von den inneren Augenwinkeln zu den Maulecken verlaufen. Diese Markierung spiegelt sich in einer schwachen Fleckenlinie wieder, die jeweils vom äußeren Augenwinkel die Wangen entlang zum Hals hinabläuft. Solche Fellzeichnungen dienen wohl auch zur „auflösenden“ Tarnung , wenn der Gepard auf Jagd ist.

Die Jungen werden mit einem wesentlich dunkleren Bauchfell geboren und tragen vom Kopf bis zum Rücken eine hellfarbige „Mähne“, die mit 3 Monaten verschwindet, wenn auch die Erwachsenenfärbung des Fells einsetzt.

Es gibt zwar Berichte über Melanismus und Albinismus (schwarzes und weißes Fell), sie wurden aber nicht wissenschaftlich bestätigt. Melanismus ist auf jeden Fall wesentlich seltener als bei Jaguaren und Leoparden. Es gibt aber eine faszinierende Farbvariante, die auf rezessiven Genen beruht und die man den „König-Geparden“ zuordnet. Solche Katzen haben ein viel helleres Fell mit Flecken, die sich auf dem Rücken zu Linien verbinden und an den Flanken zu verschwommenen Klecksen verwischen. Solche Ausnahmeerscheinungen sieht man nur selten in der Wildnis und dort vor allem im Grenzgebiet zwischen dem südlichen Zimbabwe, dem nordöstlichen Botswana und dem Nordwesten der südafrikanischen Provinz Natal. Sonst gibt es sie nirgends – im Zoo von Pretoria gelang es allerdings dem „De Wildt Cheetah Centre“, einige Exemplare nachzuzüchten.

Auch der Gepard lebt einzelgängerisch und die erwachsenen Weibchen und Männchen kommen nur zur Paarung zu-

sammen. Die jungen Männchen – meist Brüder – bilden allerdings manchmal Zweier- oder Dreiergruppen, die kurze Zeit zusammenbleiben, bis jeder von ihnen ein eigenes Revier gefunden hat. Das Leben der Weibchen ist meistens von der Kinderaufzucht bestimmt – sobald die Jungen aus einem Wurf erwachsen geworden sind und die Mutter verlassen haben, wird sie wieder läufig und paart sich mit irgendeinem Männchen. Sie gebiert bis zu 8 Junge – die meisten von allen Raubkatzen –, was wohl daran liegen mag, daß Gepardenjunge in den ersten 3 Monaten ihres Lebens eine ungewöhnlich hohe Sterberate haben. Dies liegt zum einen an der oben geschilderten jahrtausendelangen Inzucht, deren Folge eine Schwächung des Immunsystems ist, die Geparden – und besonders deren Junge – besonders anfällig für Katzenseuchen macht. Ein anderer Grund für die „Säuglingssterblichkeit“ ist die Verfolgung durch andere Räuber: bis sie 3 Monate alt sind und endlich laufen können, kann die Mutter ihre Jungen kaum gegen Löwen, Leoparden, Hyänen- oder Wildhundrudel verteidigen, die sich Gepardenjunge schnappen, wo immer sie können. Im Gegensatz zu Leopard und Jaguar können Geparde auch nicht besonders gut auf Bäume klettern und sich so vor Angreifern schützen – die Mutter

oben: Da der Gepard kein guter Baumkletterer ist wie der Leopard, findet man ihn nur selten höher im Baum, als auf den untersten Zweigen.

rechts: Ein jagender Gepard in vollem Lauf ist eines der faszinierendsten Bilder in der afrikanischen Savanne.

vorige Seite: Eine Gepardenmutter mit ihrem vier Monate alten Jungen (rechts) – der junge Gepard verliert gerade seine „Mähne“ auf dem Rücken, mit der er geboren wurde.

muß ihre Jungen ohne Unterlaß in immer neue Verstecke schleppen, damit sie sich nicht durch ihren Geruch verraten.

Im Alter von 8 oder 9 Monaten beginnen die Jungen, ihre Mutter bei der Jagd zu begleiten – obwohl sie selbst noch nichts zum Jagderfolg beitragen können und die Jägerin eher stören. Allmählich aber lernen sie, wie sie die von der Mutter abgeschauten Jagdtechniken mit ihren angeborenen Jagd- und Tötungsinstinkten verbinden können, wenden sie mit anderthalb Jahren an, können sich dann selbst versorgen und verlassen die Mutter.

JAGD UND BEUTETIERE

Die Geparde in Afrika und Asien bewohnen dieselbe Grassavanne mit angrenzendem, offenen Waldland, wie Löwen und Jaguare auch – und obwohl sich die Art ihrer Beute nur bei den kleineren Huftieren überschneidet, tun die Geparde gut daran, ihren größeren und stärkeren Artverwandten aus dem Weg zu gehen – deshalb jagen sie auch zu anderen Zeiten, hauptsächlich am späten Morgen und frühen Nachmittag. In der glühenden Mittagszeit ruhen sie sich dann gerne im Schatten der Bäume aus. In manchen Gegenden jagen Geparde die durch die Steppe ziehende Gazellenherden und folgen ihnen – dann „wandern" ihre Reviere mit den Gazellen. Die Jagdtechnik des Geparden beruht im Kern auf seiner rasanten Schnelligkeit – man hat schon bis zu 120 Stundenkilometer gemessen. Diese Fähigkeit beruht auf der Struktur und Flexibilität seines Rückgrats: Wenn er mit Volldampf dahinrast, befinden sich zeitweise alle vier Füße des Geparden in der Luft – in der gespannten Phase (wenn unter dem Bauch die Hinterfüße vor die Vorderfüße schnellen) ebenso, wie in der gedehnten Phase (wenn die Hinter- und Vorderfüße am weitesten auseinander gestreckt sind). Solch extremes Beugen und Dehnen des Rückgrats trägt auch zur enormen Weite seiner Sätze bei – bis zu 7 Metern. Auf dem Höhepunkt der Jagd macht der Gepard dann eine Serie riesiger Sprünge – dreimal pro Sekunde –, was die ungeheure Geschwindigkeit der schnellsten Raubkatze auf Erden eindrucksvoll belegt.

rechts: Ein Gepardenmännchen droht dem Photographen. Geparde können aber an Menschen gewöhnt und gezähmt werden – in den Zwanziger Jahren war es Mode, daß sich exzentrische Reiche Geparde als Haustiere hielten.

Zu Jagdbeginn nähert sich ein Gepard einer Herde, z.B. Gazellen, in leichtem Galopp – bei etwa 140 m Entfernung beginnt die Herde dann meist zu fliehen und der Gepard steuert immer dasjenige Mitglied der ausreißenden Herde an, das als erstes losrennt. Er nimmt die Geschwindigkeit der Gazelle auf, scheint sie aber nicht einholen zu wollen. Für ein paar Sekunden sieht es so aus, als hätte die Raubkatze ihr Timing falsch gesetzt – dann aber schaltet sie in einen höheren Gang un holt ihr Opfer ein. Das Beutetier versucht hektisch zu fliehen – der Gepard aber scheint jedes Ausweichmanöver der Gazelle vorauszuahnen, folgt ihr fast synchron und tariert dabei perfekt sein Gleichgewicht mit dem langen Schwanz aus. Hat er die Beute erwischt, bringt er sie durch einen Pfotenhieb ans Hinterbein ins Straucheln oder schlägt seine gekrümmte Hinterkralle in ihre Seite.

Dadurch wird die Gazelle nicht nur verletzt – durch die Wucht des Schlages stürzt sie meist auch kopfüber zu Boden. Blitzartig fährt der Gepard dann an ihre Kehle und hält sie fest im Würgegriff. Ist so ein Kill geschehen, scheint der Gepard unendlich lange zu brauchen, um seinen Fang richtig zu töten – die Würgerei dauert oft 15 bis 20 Minuten. In Wirklichkeit aber stirbt die Beute sofort und der Gepard hält sie nur solange fest, bis er verschnauft und sich seine erhitzte Körpertemperatur wieder gesenkt hat.

Die hohe Jagdgeschwindigkeit kann ein Gepard allerdings nur über 400 bis 500 Meter durchhalten – hat er bis dahin die Beute nicht erreicht und gefällt, muß er aufgeben. Sonst würde der durch die Hetzjagd entstandene Sauerstoffmangel

unten, oben und rechts: Vom Erspähen der Beute bis zum Kill: hat ein Gepard, wie hier in der Masai Mara, eine Beute ausgemacht, z. B. eine Thomson's Gazelle, nähert er sich ihr in leichtem Galopp bis auf etwa 140 Meter, wo die Fluchtdistanz der Gazelle beginnt. Dann beschleunigt der Jäger, gewinnt allmählich an Boden, schießt urplötzlich unglaublich schnell los, überholt die Gazelle und wirft sie um. Dabei nimmt er immer die Gazelle in einer Herde an, die als erste losrennt – egal ob andere näher sind.

und die gestiegene Körpertemperatur ihn selbst gefährden. Der Gepard lebt bei der Jagd im wahrsten Sinne des Wortes auf des Messers Schneide – und eine Gepardenmutter mit Jungen muß dieses Risiko jeden Tag eingehen.

Hat so eine Katzenmutter dann ihre Beute fest im Griff, schleppt sie den Kadaver in hohes Gras oder hinters Gebüsch und läßt die Jungen zuerst fressen. Wenn auch sie danach satt geworden ist, verlassen sie das Aas – Geparde fressen nur frisches Fleisch. Auch wenn Löwen, Leoparden oder Hyänen auftauchen, lassen Geparde ihren Kill im Stich – sie hätten keine Chance, ihre Beute gegen die größeren Räuber

oben: Ein Gepard gähnt und streckt sich – das einzigartig dehnbare Rückgrat ist eines der Geheimnisse für seine Schnelligkeit.

rechts: Eine erwachsene Gepardin in der Bildmitte mit ihren vier fast erwachsenen Jungen. Sie sind schon alt genug, um bei der Jagd zu helfen und schnell genug, um Löwen oder Leoparden davonlaufen zu können.

zu verteidigen. Selbst wenn ein Schwarm Geier am Himmel auftaucht, trollen sie sich umgehend davon.

Die Hauptbeute der Geparde sind Impala- und Topi-Antilopen, Thomson's- und Grant Gazellen, Springböcke und die Jungen von Kudus, Zebras oder Gnus. Manchmal schnappen sie sich auch kleinere Schakale und Hasen.

AUSSICHTEN

Neben den grundsätzlichen Gefährdungen, die alle Raubkatzen betreffen, verdunkeln zwei besondere Faktoren die Zukunft des Geparden: einmal die bereits erwähnte Problematik der Inzucht und zum anderen sein Freßverhalten. Da Geparde nur einmal von ihrer Beute fressen, müssen sie jedesmal aufs Neue jagen gehen, wenn sie hungrig sind. Hat ein Gepard sich einmal an Haustieren „vergriffen", kann er leicht zu einer größeren Plage für die Bauern werden, als Löwen oder Leoparden. In Namibia gibt es zwischen 1.500 und 3.000 Geparde (eine der größten Populationen, obwohl auch sie im letzten Jahrzehnt drastisch gesunken ist) und die dortigen Farmer behaupten, daß die Geparde über 10% ihrer Kälber töten. Verschlimmernd kommt noch hinzu, daß Geparde eine geschützte Art sind – die Antilopen oder Gazellen, die sie fressen, aber nicht, und die werden nun von den Farmern als zusätzliche Einnahmequelle abgeschossen. Außerdem lebt nur ein kleiner Bruchteil der Geparde im nödlichen Etosha-Schutzgebiet, weil es dort zu viele Löwen für sie gibt – mehr als Neunzehntel des Gepardenbestandes in Namibia lebt in ungeschüzten, meist Privatleuten gehörenden Landstrichen.

Dennoch ist Afrikas Gepardenpopulation nicht unmittelbar vom Aussterben bedroht – in Namibia, Zimbabwe, Mozambique, Südafrika und selbst in den großen Schutzgbieten der Serengeti und der Masai Mara aber stehen sie unter erheblichem Druck. Überall in ihrem Verbreitungsgbiet stehen Geparde nämlich am unteren Ende der Raubtierhierarchie und entsprechend gering ist ihre dortige Bestandsdichte. Der ausbleibende Erfolg von Zuchtprogrammen mit gefangenen Geparden – deren Gen-Pool zu beschränkt ist – läßt zudem wenig Hoffnung aufkommen für eine prosperierende Zukunft dieser eleganten Jäger.

rechts: Das Hauptmerkmal eines Gepardengesichts sind die schwarzen Linien, die von den inneren Augenwinkeln hinab zu den Maulwinkeln laufen.

oben links: Anders als in der wüstenähnlichen Kalahari hilft das hohe Gras in der Masai Mara den Geparden, sich gut zu verstecken – das gilt aber auch für ihre Feinde.

oben: Eine Mutter und drei Junge genießen einen frischen Kill – wenn sie satt sind, verlassen sie den Kadaver. Oft aber werden sie gezwungen, schon vorher zu fliehen: wenn Löwen, Leoparden, Hyänen oder auch nur Geier auftauchen.

unten links: Diese halbstarken Geparde sind alt genug, um der Mutter bei der Jagd zu helfen – aber erst in 2 Jahren werden sie zu ebenso guten Jägern herangereift sein.

rechts: Ein drei Wochen altes Gepardenbaby. Ein Weibchen wirft bis zu acht Junge – wahrscheinlich deshalb so viele, um deren hohe Sterblichkeitsrate in den ersten drei Monaten auszugleichen.

vorige Seite: In wüstenänlichen Gegenden wie der Kalahari haben Geparde deshalb einen Vorteil gegenüber Löwen, weil sie weniger Wasser brauchen und sich bei der Jagd in der kargen Vegetation besser verstecken können.

Felis concolor

Der Puma

Der Puma ist die einzige große Raubkatze aus der Felis-Familie der Kleinkatzen. Da sich ein Puma erheblich von den großen, wie auch den kleinen Katzen unterscheidet, wollen einige Zoologen ihn der eigenen Art „Puma“ zuordnen. Andere wiederum argumentieren, daß er trotz seines kompakten, breiten Schädels und der kurzen Schnauze – wie sie auch die kleinen Katzen haben – doch wohl eher dem Geparden ähnele. Auch sein wissenschaftlicher Name ist irreführend: „concolor“ heißt einfarbig – aber das ist der Löwe auch.

Den Puma und seine direkten Vorfahren gibt es außerhalb Amerikas nicht – neuere Studien lassen vermuten, daß sein nahester Verwandter tatsächlich der Gepard ist, und daß die Beiden sich vor 3 bis 3,5 Millionen Jahren von ihren Vorläufern getrennt entwickelt haben. Die ziemlich zahlreichen Puma-Fossilien sind etwa eine halbe Million Jahre alt.

Das Verbreitungsgebiet des Pumas reicht von Alaska und Britisch-Kolumbien bis weit hinunter nach Südamerika – knapp 15.000 Km weit. In Nordamerika kommt er hauptsächlich westlich der großen Prärie-Ebenen vor. Im Südosten der USA gibt es eine seltene Unterart, den Florida-Panther *„Felis concolor coryi“*, um den sich zur Zeit viele Tierschutzorganisationen kümmern. Gelegentlich wird auch berichtet, daß der *„Felis concolor cougar“* im Westen Virginias gesehen wurde. Der Puma kommt in ganz Mittel- und Südamerika vor – mit Ausnahme von Ostargentinien. Auch unter den Pumas wollen einige Zoologen zwischen 27 und 30 Unterarten ausgemacht haben – mit derselben fehlenden wissenschaftlichen Akkuratesse wie bei den anderen Raubkatzenunter-

vorige Seite: Wie der Leopard ist auch der Puma äußerst anpassungsfähig – er kommt im Hochgebirge ebenso vor wie auf Meereshöhe, in alpinen Wäldern ebenso wie im tropischen Regenwald, und in Sumpfgebieten ebenso wie in Halbwüsten.

unten: Ein Pumamännchen auf der Pirsch in einem Fichtenwald in British-Columbia. Durch seine Fellfarbe verschmilzt er förmlich mit dem Waldboden.

rechts: Ein Puma frißt an einem Hirsch – erwachsene Pumas können wesentlich größere Huftiere als sie selbst erlegen.

scheidungen. Wie jedes Tier mit solch weitläufiger Verbreitung zeigt der Puma regionale Unterschiede in Größe und Fell und trägt auch entsprechend viele verschiedene Namen: Cougar, Panther, Berglöwe, Amerikanischer und Mexikanischer Löwe, Roter Jaguar, Reh-Tiger und viele indianische Dialektnamen in Mittel- und Südamerika.

Der Puma ist wie der Leopard äußerst anpassungsfähig – er kann auf allen Breitengraden überleben, solange es dort genügend Beutetiere gibt. Er kommt in Bergwäldern ebenso vor wie im tropischen Regenwald, in Sümpfen (er ist ein guter Schwimmer, meidet aber meistens offenes Wasser), in Steppen, im Buschland und in Halbwüsten. Seine Reviere können auf Meereshöhe ebenso liegen wie in 4500 Metern Höhe – eisige Winter zwingen allerdings auch Bergpumas hinab in die Täler.

ERSCHEINUNG UND GRÖSSE

Im Gegensatz zur recht ähnlichen Löwin hat der Puma einen kleineren, runderen Kopf mit spitzeren Ohren. Seine Beine sind kürzer – dafür aber ist sein Schwanz runder, länger, dichtbehaarter und ohne schwarze Spitze. Erwachsene Pumas messen zwischen 1,60 und 2,60 m – incl. dem fast 70 cm langen Schwanz. Ihre Schulterhöhe schwankt zwischen 66 und 74 cm und ihr Gewicht zwischen 30 und 104 Kilo. Dabei sind die Männchen meist um ein Drittel größer und schwerer als die Weibchen. Diese Daten geben neben den Geschlechtsunterschieden auch die Unterschiede zwischen Pumas aus tiefliegenden Urwaldregionen und solchen aus eher gemäßigten Zonen wider. Wie die Jaguare werden auch die Pumas im kühlen Norden größer und schwerer, da sie dort größere und zahlreichere Beutetiere finden als in den Tropen.

links: Ein halberwachsener Puma – seine Ohren sind größer und ausgeprägter als die der anderen großen Raubkatzen.

rechts: Eine Pumamutter mit ihrem halbjährigen Jungen – sein Fell hat nun die Flecken am Rücken wieder verloren, die kurz nach seiner Geburt auftauchten, und ist alt genug, um mit der Mutter zusammen zu jagen.

Das Pumafell variiert farblich zwischen bräunlichem Rot, Braun, Rehbraun und Silbergrau. Die Maulregion, aus der die Schnurrhaare sprießen, ist schwarz – Kinn, Kehle, Brust und Bauch sind cremig-weiß. Rötliche Pumas kommen vor allem in den Tropen vor – in wüstenähnlichen Gebieten sind sie braun und im Norden meist silbergrau. Zwischen den einzelnen Tieren aber gibt es vielerlei Abtönungen – Melanismus jedoch wurde nur ganz selten bei südlichen Pumas beobachtet. In den Tropen ist das Fell kurz und borstig – im Norden länger und weicher. Puma-Junge werden mit schwarzgepunktetem Fell geboren, nach ein paar Monaten aber verschwinden die Punkte wieder.

oben: Pumas sind Opportunisten: sie jagen – je nach Umständen – kleine wie große Beutetiere. Dieser hier rennt hinter einem Schneehasen her.

rechts: Ein Puma an einem Schafkill. Pumas töten aber nur dann das Vieh der Bauern, wenn es in ihren Revieren nicht mehr genügend Beute gibt.

VERHALTEN UND JAGD

Pumas können wie auch die anderen kleinen Raubkatzen der Familie „*Felis*" schnurren, jaulen und schreien – aber nicht brüllen. Sie leben scheu und zurückgezogen und jagen vor allem bei Nacht, besonders wenn ihre Reviere an menschliche Behausungen grenzen. Sie können über kurze Strecken ziemlich schnell rennen und sind hervorragende Weitspringer – am Boden können sie 12 Meter weite Sätze machen und 5 Meter hoch auf Bäume springen. Und dort im Geäst jagen sie erstaunlich sicher Affen von Zweig zu Zweig.

Wie die großen Raubkatzen sind auch Pumas Einzelgänger – das Revier eines Männchens überlappt sich meist mit mehreren kleineren Territorien von Weibchen, mit denen sie sich paaren. Ein Weibchen bringt meist bis zu 6 Junge zur Welt und zieht sie alleine auf. Wenn sie ein halbes Jahr alt sind, beginnen die Kleinen ihre Mutter bei der Jagd zu begleiten – mit anderthalb Jahren werden sie verstoßen und müssen sich ihr eigenes Revier suchen.

Die Hauptbeute der Pumas ist Rehwild, das in ihrem weiten Verbreitungsgebiet mehr als 20 verschiedene Arten umfaßt. Sonst fressen sie auch – vor allem in Südamerika – neben Affen auch Stachelschweine, die sie gekonnt auf den Rücken rollen, um ihre Krallen in den dann ungeschützten Bauch schlagen zu können. Junge Pumas lernen die nötigen Jagdtechniken, indem sie zunächst kleinerer Beute nachstellen: Kaninchen, Stinktiere, Eichhörnchen, Pekaris, Gürteltiere und allerlei Nagetiere. Wenn ihre natürlichen Beutetiere knapp sind, fallen sie auch über das Vieh der Bauern her und scheuen selbst vor großen Kühen oder Pferden nicht zurück.

Bei der Jagd zeigen Pumas hervorragende Anschleichtechniken – sie nutzen jede Deckung, bis sie nahe genug an ihrer Beute sind. Dann folgt ein blitzartiger Angriff – ein mächtiger Satz auf den Rücken fällt das Opfer, macht es bewußtlos und tötet es manchmal sogar. Ansonsten besiegelt ein tödlicher Biß in die Kehle das Leben des Beutetieres.

rechts: An diesem knurrenden Puma kann man erkennen, wie sehr er in Kopfform und Schnauze einem Geparden ähnelt. Typisch auch die schwarzen Flecken am Maul.

AUSSICHTEN

Die Größe des Puma-Bestandes in Amerika ist schwer einzuschätzen – aus Südamerika gibt es so gut wie überhaupt keine verläßlichen Zahlen, und auch in den USA, wo ein breites, öffentliches und wissenschaftliches Interesse an der Raubkatze besteht, gibt es nur grobe Vermutungen über ihre Anzahl: In Montana, Wyoming, Colorado, Neu-Mexiko und den westlichen Anrainerstaaten leben wahrscheinlich an die 25.000 Pumas – in manchen dieser Staaten sogar mit wachsender Tendenz. Dort wurden nämlich ihre natürlichen Konkurrenten – Bär und Wolf – mehr oder weniger ausgerottet. Mancherorts verursachen auch der Anstieg der Huftier-Population und die Verschärfung des Jagdverbots eine Zunahme der Pumas – wenn in der Folge dann die Puma-Reviere immer näher an Dörfer oder sogar Städte des Menschen heranrücken, führt das nahezu zwangsläufig zu einem Anstieg von Angriffen auf die dortige lokale Bevölkerung. Manche Pumas haben dazu noch Tollwut, was sie besonders aggressiv macht. Haben sich die Raubkatzen erstmal an die städtische Umgebung gewöhnt, verlieren sie immer mehr Scheu vor den Menschen und werden schnell zur ständigen Bedrohung. Menschen reagieren in Gefahr nämlich wie ihre gewohnten Beutetiere – sie laufen weg, gestikulieren heftig, bewegen sich abrupt oder machen Lärm – alles Dinge, die den Jagdinstinkt beim Puma auslösen. So haben in den USA Pumas z.B. Jogger in städtenahen Erholungsgebieten angegriffen. Alles in allem ist der Puma nicht vom Aussterben bedroht und wenn seine Zahl weiter zunimmt, muß sogar davon ausgegangen werden, daß in den USA und Kanada ein systematisches Abschießen („culling“) als nötig empfunden wird.

links und oben: In einigen Staaten der USA steigt der Bestand an Pumas und ihre Reviere nähern sich immer mehr den Städten. Das führte in letzter Zeit zu vermehrten Angriffen auf Menschen und gipfelt nun in der Forderung, sie lokal abzuschießen.

Smaller Pantherines

Luchse & Andere

Zum Schluß sollen noch die kleineren Verwandten der *„Pantherini"* behandelt werden – der Luchs, der Rotluchs, der Karakal und der Nebelparder.

DER EURASISCHE LUCHS *(LYNX LYNX)*

Die ersten Luchse tauchten als 4 Millionen Jahre alten Fossilien in Afrika auf – dieser *„Lynx issidorensis"* hatte kürzere Beine als der heutige Luchs und sah eher aus wie eine Katze aus der Felis-Familie. Der Eurasische Luchs kommt heute in Teilen Südost- und Nordeuropas vor – incl. Skandinavien. Im Osten erstreckt sich sein Verbreitungsraum von Tschechien, der Slowakei, Polen, den Baltischen Staaten und Rußland bis hinüber nach Sibirien, in die Mongolei und Mandschurei. Im südöstlichen Eurasien lebt er im Balkan, in der Türkei, im Iran und Irak – in Zentralasien nur nördlich des Himalaya. Er ist der größte aller Luchse, wiegt bis zu 26 Kilo, hat einen kurzen Schwanz und die typischen, dunklen Haarpinsel an den Ohrenspitzen. Sein dichtes, langes Fell kann im Grundton rötlich- oder gelblichbraun sein und hat dunkelbraune bis schwarze Flecken und Streifen. Im Winter sind die dunklen Flecken im dann längeren Fell aber weniger sichtbar. Am Hals trägt er eine kleine „Mähne" und sein Schwanz ist zur schwarzen Spitze hin geringelt. Die großen Pfoten sind dicht behaart, wodurch er locker über Schnee und Eis laufen kann.

vorige Seite und rechts: Ein junger Eurasischer Luchs im Sommerfell. Er gehört zur größten Luchsart und ist in der Lage, Wildschweinferkel und sogar Rentierkälber zu töten.

unten: Ein Sibirischer Luchs im gräulichen, gesprenkelten Winterfell – am Hals die typische, weiße Fellkrause.

Sein Lieblingsrevier ist ein Nadelwald mit genügend Unterholz, wo er bei der Jagd gut getarnt ist. Aber er ist anpassungsfähig genug, um auch im offenen Waldgebiet, in Sümpfen, und an baumlosen Berghöhen bis hinauf auf 3.000 Meter Höhe leben zu können. Mit Peilsendern hat man herausgefunden, daß Luchs-Reviere riesengroß sind – ein Männchen braucht zwischen 195 und 390 Quadratkilometer, das Weibchen etwa die Hälfte. Mehrere Weibchenreviere überschneiden sich mit dem eines Männchens und die Paarung findet meist im Februar oder März statt. Ende Mai/Anfang Juni werden dann Würfe von 2 oder 3 Jungen geboren. Ab 5 Monaten jagen die Kleinen mit der Mutter und bleiben bis zu nächsten Paarungszeit bei ihr – dann werden sie vom neuen Liebhaber der Mutter verjagt. Geschwister bleiben manchmal noch ein paar Monate zusammen, bis jeder eine neue Heimat gefunden hat.

Der Luchs ist ein guter Baumkletterer und ein perfekter Schwimmer. Er jagt meist bei Nacht, da er im Dunklen sehr gut sehen kann. Luchse sind Einzelgänger, obwohl man gelegentlich beobachtet hat, daß sie auch paarweise jagen. Ihre Hauptbeute sind Gemsen, Rotwild, Weißwedelhirsche, Wildkatzen, Füchse, Dachse, Wildschweinferkel und Rentierkälber.

Wieviel Eurasische Luchse es insgesamt gibt, ist unbekannt – allein in Rußland vermutet man über 40.000 Tiere. In Tschechien und der Slowakei hat sich in den letzten 50 Jahren ihr Bestand so vergrößert, daß sie zu Jagd freigegeben werden mußten. Die Wiedereinführung des Luchses in mehreren westeuropäischen Ländern hingegen war nur mäßig erfolgreich – in der Schweiz wurden sie in den Kantonen Jura und Obwalden ausgesetzt und einige wanderten von dort bis nach Frankreich hinein. Die Problematik liegt vor allem darin, daß der riesige Revierbedarf der Luchse erfordert, daß man eigene Schutzgebiete für sie einrichten muß.

DER SPANISCHE LUCHS *(LYNX PARDINUS)*

Der Spanische Luchs ähnelt seinem eurasischen Verwandten (und manche sehen ihn als dessen Unterart *„Lynx lynx pardinus“*) – aber er ist beträchtlich kleiner. Sein Fell ist rötlichgelb mit einer helleren Bauchfarbe und ist mehr gepunktet. Die Männchen werden nur 14 Kilo schwer und ihre Reviere wurde in den letzten 50 Jahren erheblich dezimiert – bis auf einige Flecken in Spanien's und Portugal's Bergen. Eines seiner wichtigsten Rückzugsgebiete ist der Doñana Nationalpark im Südwesten Spaniens.

Auch er ist Einzelgänger und Nachtjäger und frißt vor allem Hasen und Kaninchen – daneben mag er auch Rebhühner, Enten und bei Gelegenheit auch Damwildkitze. Er kann hervorragend schwimmen und fängt deshalb auch gerne frischen Fisch. In den letzten Jahren ist sein Bestand im Doñana-Nationalpark allerdings gesunken – einerseits wegen der Myxomatose-Seuche, die dort viele Kaninchen dahinraffte und andererseits wegen der Zunahme von Füchsen, mit denen der Luchs um Nahrung konkurriert. Man fürchtet heute, daß es nur noch 350, wenn nicht weniger, Spanische Luchse gibt, so daß sie zweifellos zu den bedrohten Arten gezählt werden müssen.

DER KANADISCHE LUCHS *(LYNX CANADENSIS)*

Quer durch Kanada reicht das Verbreitungsgebiet des Kanadischen Luchses – von Labrador und Neufundland im Osten bis nach nach Alaska im Westen. Im Norden kommt er sogar jenseits des Polarkreises vor, während er im Süden bis in die US-Staaten Washington, Oregon und Nordkalifornien hinein zu finden ist. In besonders guten Zeiten kommt er auch in den nördlichen Zonen von Utah und Nord-Dakota vor. Auch er ähnelt dem Eurasischen Luchs und ist ebenfalls kleiner. Die Männchen wiegen nur noch 11 Kilo und haben ein rötliches Fell mit weißen Teilen, was sie fast orangesilbrig aussehen läßt. Ihre Pfoten sind noch größer und dichter behaart als die der anderen Luchse, weshalb sie auch schneller durch den Schnee laufen können.

Ihr Bestand in Kanada ist sehr unstabil, da er völlig vom Bestand der Schneehasen abhängt, die sie vor allem jagen – sinkt der zu stark, geht nicht nur die Empfänglichkeit der Luchs-Weibchen zurück, sondern es sterben auch die meisten der zu der Zeit geborenen Jungen. Der Aufstieg und Fall der Luchse vollzieht sich zyklisch in einem Intervall von neuneinhalb Jahren zwischen Tief- und Höhepunkt – genau

rechts: Zwei junge Kanadische Luchse. Sie haben außergewöhnlich dicht und langbehaarte Pfoten, um besser durch den Schnee laufen zu können.

oben: Der Rotluchs aus Nordamerika und Nordmexiko hat ein kürzeres und rötlicheres Fell als sein kanadischer Vetter – trägt dafür aber charakteristische braune und schwarze Flecken.

rechts: Ein auf einem Baum ruhender Rotluchs – auch er ist sehr anpassungsfähig und jagt bei Tag und Nacht kleine Säugetiere und Vögel.

derselbe Zeitraum, in dem die Hasen einer Seuche zum Opfer fallen, bzw. sich von ihr wieder erholt haben. Und das, obwohl es zu jeder Zeit in diesem Gebiet immer genügend andere kleine Beutetiere gibt.

DER ROTLUCHS *(LYNX RUFUS)*

Den Rotluchs gibt es im Südwesten Kanadas, überall in den USA (außer in Teilen des Mittleren Westens) und in Nord- und Zentralmexiko. Er ähnelt dem Kanadischen Luchs, hat aber ein kürzeres Fell mit einem weißen Bauch, das Hell- bis Rötlichbraun gefärbt ist. Dunkelbraune oder schwarze Flecken tauchen vor allem an Flanken und Beinen auf und die Ohren sind schwarz mit einem weißen Fleck in der Mitte. Die Haarbüschel sind nicht so auffällig und fehlen bei man-

chen Rotluchsen sogar völlig. Seine Schwanzspitze ist oben schwarz und unten weiß.

Er ist anpassungsfähiger als der kanadische Vetter – er lebt im tropischen Sumpfland, in Halbwüsten, in dichtem Wald und in kargen Bergregionen bis hinauf auf 3.650 Meter Höhe. Er kann aber nicht so gut schwimmen und klettern wie seine Verwandten – und seine Reviere sind auch kleiner. Das Männchen braucht etwa 180 qkm und umfaßt meist die Reviere von mehreren Weibchen. Rotluchse paaren sich das ganze Jahr über – das Weibchen wirft aber nur einmal pro Jahr. Im Frühling oder späten Sommer werden dann etwa 3 bis 6 Junge in einem Bau zwischen Felsbrocken, im Dickicht, in einer Höhle oder in einem Baumloch geboren. Mit 3 Monaten fangen sie an, mit der Mutter zu jagen und sind mit 9 Monaten selbstständig.

Auch der Rotluchs jagt meist in der Nacht – im Winter aber auch tagsüber. Er erbeutet Hasen, Kaninchen, Nagetiere und Vögel, macht sich aber auch über Aas her, vor allem über Rehkadaver. Der Rotluchs wird oft von Pumas und Jaguaren angegriffen – und in der Vergangenheit auch vom Menschen. Natürlich wegen seines Felles – die mexikanische Unterart *„Lynx rufus escuinapae"* wurde allein deshalb in den Achtzigern fast völlig ausgerottet. Insgesamt aber geht es dem Rotluchs heute ganz gut – selbst in Revieren, die nahe an menschlichen Siedlungen liegen.

DER WÜSTENLUCHS ODER KARAKAL *(LYNX CARACAL)*

Der Karakal kommt überall in Afrika vor – nur nicht in der Sahara und in den Regenwäldern von Kamerun, Gabun und Nordangola. In Asien findet man ihn im Mittleren Osten und an den Küsten Arabiens, in Turkmenistan, im Irak und Iran, in Afghanistan, Pakistan und in Nordwestindien. Er ähnelt dem Kanadischen Luchs, ist aber eher so groß wie der eurasische Cousin – manche Zoologen kennzeichnen ihn als eigene Art *„Caracal caracal"* und wieder andere ordnen ihn der Felis-Familie zu. Er hat ein kurzes, rötlichbraunes Fell, das um Maul und Augen, Kehle und Bauch herum heller ist. Die schmalen Ohren haben lange schwarze Pinsel und sein Schwanz ist länger als der der anderen Luchse. Er hat auch keine Flecken im Fell und Melanismus kommt nur selten vor. Die Männchen wiegen bis zu 19, die Weibchen bis zu 15 Kilo.

Der Lebensraum des Karakals besteht vor allem aus Grasland oder Halbwüste – er ist einzelgängerisch und nachtaktiv. Seine Beweglichkeit ist sprichwörtlich – er kann bei der Jagd aus dem Stand in die Luft springen und tieffliegende Vögel fangen. Er frißt aber auch Hasen, kleine Gazellen und Mangusten. Das Karakal-Weibchen paart sich zu jeder Zeit im Jahr mit mehreren Männchen und bringt selten mehr als 3 Junge zur Welt. Sie werden mit 6 Monaten jagdreif und verlassen die Mutter am Ende ihres ersten Lebensjahres. In der Nähe von Dörfern rauben Karakals oft Schafe oder Ziegen. In Asien wurden sie deshalb fast ausgerottet – in Afrika hingegen gedeihen sie und sind nicht bedroht.

DER NEBELPARDER *(LYNX NEBULOSA)*

Der Nebelparder lebt in Nordostindien, Nepal, Burma, Südchina, Thailand, Indochina und auf den indonesischen Inseln Sumatra, Borneo und Java. Sein Fell ist hellbraun, gelb oder graugelb gefärbt und am Bauch cremig-weiß. Sein Name leitet sich von seiner Fellmarkierung ab: auf Rücken und Seiten umranden durchbrochene, schwarze Linien große unregelmäßige, fellfarbene Flächen, so daß der Parder irgendwie verschwommen neblig aussieht. Am Kopf hat er schwarze Streifen auf den Wangen und Punkte über den Augen – die Beine haben schwarze Flecken und der lange, haarige Schwanz trägt wirbelähnliche Zeichnungen. Der Nebelparder ist so groß wie der Eurasische Luchs – das Männchen wiegt an die 23 Kilo, wird 1,07 m lang und hat dazu noch einen 90 cm langen Schwanz. Die kurzen, stämmigen Beine verraten, daß er kein Rennläufer ist, wohl aber ein ausgezeichneter Baumkletterer. Er springt geschickt von Ast zu Ast und kann, im Gegensatz zu allen anderen Katzen, kopfüber den Baum wieder herunterklettern. Bei der Jagd läßt er sich oft von einem Baum auf die darunter vorbeiziehendeBeute fallen. Er hat – bezogen auf seine Körpergröße – die größten Zähne aller Katzenartigen: 5 cm lange Fangzähne. Ungewöhnlich auch, daß seine Augen eher schlitzartige, als ellipsenförmige Pupillen haben.

Man unterscheidet 4 Unterarten: der *„Neofelis nebulosa macrosceloides"*, kommt in Nepal, Nordostindien und im Westen Burmas vor – sein Fell ist etwas dunkler. Der *„Neofelis neofelis nebulosa"* lebt in Ostburma, Südchina und Indochina, mit Ausnahme von Malaysia. Der *„N.n. diardii"* streift durch Malaysia und die indonesischen Inseln – sein Fell hat kleinere und regelmäßigere Flecken. Die Taiwan-Unterart *„N.n. brachyarus“* gilt als ausgestorben.

Auch der Nebelparder ist sehr scheu, nachtaktiv und lebt am liebsten im dichten Regenwald – kein Wunder, daß er die unbekannteste aller Katzenarten ist. Fest steht allerdings, daß er nicht in großen Stückzahlen unsere Erde bewohnt – der Raubbau am Regenwald durch die Holzindustrie und den Bergau hat seinen Lebensraum in Asien drastisch eingeschränkt und wegen seines schönen Felles macht auch die Wilderei keinen Halt vor ihm.

In manchen Regionen aber scheint er sich inzwischen neuen Lebensräumen angepaßt zu haben – im Way Kemba-Nationalpark auf Sumatra, wo man auch den Sumatra-Tiger zu retten versucht, fand man Nebelparder in Mangrovensümpfen, Grassteppen und Waldresten. Es gibt den Nebelparder also noch auf Sumatra – ob aber sein Bestand ausreicht, die Art für die Zukunft zu retten, muß bezweifelt werden.

rechts: Der Karakal oder Wüstenluchs ist in Afrika, im Mittleren Osten und in Zentralasien zu Hause. Er hat längere, schmalere Ohren als die anderen Luchse und dazu üppige Haarpinsel an der Spitze.

nächste Seite: Der Rotluchs ist kein so typischer Waldbewohner wie der Eurasische Luchs, kann aber auch gut auf Bäume klettern, um sich dort vor seinen Erzfeinden, dem Jaguar und dem Puma, in Schutz zu bringen.